高等院校艺术设计专业精品系列教材

"互联网＋"新形态立体化教学资源特色教材

Illustrator CC 2020

中文版标准教程

主　编　温　静　韩小溪

副主编　郝　婷

中国轻工业出版社

图书在版编目（CIP）数据

Illustrator CC 2020中文版标准教程 / 温静，韩小溪主编. —北京：中国轻工业出版社，2024.1
ISBN 978-7-5184-2911-0

Ⅰ.①I… Ⅱ.①温… ②韩… Ⅲ.①图形软件—高等学校—教材 Ⅳ.①TP391.412

中国版本图书馆 CIP 数据核字（2020）第 032766 号

责任编辑：李　红　　　　责任终审：孟寿萱
整体设计：锋尚设计　　　责任校对：吴大朋　　　责任监印：张　可

出版发行：中国轻工业出版社（北京鲁谷东街5号，邮编：100040）
印　　刷：三河市国英印务有限公司
经　　销：各地新华书店
版　　次：2024年1月第1版第4次印刷
开　　本：889×1192　1/16　印张：12.5
字　　数：350千字
书　　号：ISBN 978-7-5184-2911-0　定价：42.00元
邮购电话：010-85119873
发行电话：010-85119832　010-85119912
网　　址：http://www.chlip.com.cn
Email：club@chlip.com.cn
如发现图书残缺请与我社邮购联系调换
232216J1C104ZBW

前言 PREFACE

习近平总书记在党的二十大报告中强调：教育、科技、人才是全面建设社会主义现代化国家的基础性、战略性支撑。随着国家"双一流"建设的推动，形成了以建设世界一流大学和一流学科为战略性目标的未来教育发展之路。

在党的二十大精神和新发展格局下，我国国民生活水平不断提高，人们对视觉传达设计的要求也会越来越高。处于中国式现代化全面推进中华民族伟大复兴的历史时期，作为视觉传达设计专业的学生不仅要注重增强专业能力和培养创新思维，还要积极参与社会实践活动，把课堂知识与实际的设计、施工紧密结合，努力把自己打造成"一毕业，就能干"的社会主义现代化建设的承担者。

Adobe Illustrator 是一款全球著名的矢量图形制作软件，主要应用于图形创意、图书排版、招贴设计、插画创作、多媒体图像处理和互联网页面制作等。它能为徒手绘制的线稿提供方便的着色，保持原创图形的高精度质量。Adobe Illustrator 以全面的功能和具有亲和力的用户界面，占据了全球矢量图创作、编辑软件中的大部分市场。

Illustrator CC 2020 作为一款全面的专业图形设计工具，它所提供的丰富的像素描绘功能以及顺畅灵活的矢量图编辑功能，能够快速创建工作界面。它的一些典型的矢量图形工具，如三维原型（primitives）、多边形（polygons）和样条曲线（splines）等，使一些复杂的图形创作都能从这里被实现。其最大特征在于钢笔工具的使用，能使操作简单、功能强大的矢量绘图成为可能，它是通过"钢笔工具"设定"锚点"和"方向线"来实现的。此外，AdobeIllustrator 与兄弟软件 AdobePhotoshop 有类似的界面，并能共享一些插件和功能，实现无缝连接。

Illustrator CC 2020 在原有版本的基础上增加了许多全新的功能，包括：任意形状渐变功能，该功能提供了新的颜色混合功能全局编辑功能，允许用户在一个步骤中全局编辑所有类似对象；内容识别裁剪功能，当您选择裁剪图像选项以在画板上裁剪图像时，Adobe Illustrator CC 2020 会识别所选图像的视觉上重要的部分，然后基于图像的该识别部分显示默认裁剪框。另外，还有增强的"属性"面板、操控变形的增强功能、演示模式等。这些新增的功能能让用户在使用时更加轻松自由，并使创意得到更完美的表现。

在学习和使用 Illustrator CC 2020 时，需要深入了解该软件的操作规律，从基本工具运用到编辑修整，再到特效变换，这一系列操作都应当按照流程来，不可跳跃式操作。但是，任何软件的操作发挥都来自于设计师的头脑，应当在操作软件前构思到位，避免在制作时反复修改，浪费时间。本书附 PPT 课件、教学视频、素材二维码，可通过手机扫码下载，通过电脑端观看、使用，再识读与加强练习。运用本书附带素材，能快速掌握本书的知识要点，成为一名熟练的 Illustrator 设计师。本书此次重印，结合党的二十大精神，增加了实践练习，引导读者将专业技能与思政相结合，更好地服务国家与社会。

编者

目 录
CONTENTS

第一章　认识Illustrator CC 2020中文版

第一节　Illustrator CC 2020基本操作
　　　　界面 001
第二节　文档操作 009

第二章　图形的绘制与编辑

第一节　绘图模式 015
第二节　基本图形的绘制 016
第三节　使用辅助工具 021
第四节　图形的基本操作 026
第五节　高级绘图方法 036

第三章　编辑图形的颜色

第一节　认识Illustrator CC 2020的
　　　　颜色模式与色板 045
第二节　填色与描边 051
第三节　编辑颜色 056
第四节　重新着色图稿 060
第五节　实时上色 067
第六节　渐变与渐变网格 072

第四章　改变对象的形状

第一节　变换对象……………………079
第二节　缩放、倾斜和扭曲…………085
第三节　封套扭曲……………………088
第四节　组合对象……………………093
第五节　剪切和分割对象……………099
第六节　混合…………………………100

第五章　图层与蒙版

第一节　创建与编辑图层……………104
第二节　不透明度与混合模式………114
第三节　不透明度蒙版………………116
第四节　剪切蒙版……………………120

第六章　画笔与图案

第一节　创建与编辑画笔……………123
第二节　图案…………………………129

第七章　文字的创建与编辑

第一节　创建文字……………………134

第二节　编辑文字……………………137
第三节　设置文字格式………………143
第四节　特殊字符和高级文字………153

第八章　效果、外观与图形样式

第一节　3D效果………………………160
第二节　SVG滤镜效果………………170
第三节　扭曲、变换和栅格化效果…171
第四节　路径与风格化效果…………176
第五节　外观属性……………………180
第六节　图形样式……………………185

第九章　案例实训

第一节　案例实训1：视觉效果海报…189
第二节　案例实训2：像素风…………189
第三节　案例实训3：立体字…………189
第四节　案例实训4：牛奶瓶…………189
第五节　案例实训5：玻璃质感图标…189

附录　Illustrator CC 2020快捷键……191

参考文献……………………………194

第一章
认识Illustrator CC 2020中文版

PPT 课件

案例素材

学习难度：★ ★ ☆ ☆ ☆
重点概念：安装、界面、新建、保存

> ◄ **章节导读**
>
> Illustrator是一款矢量图形制作软件。经过三十多年的发展，现在的Illustrator已成为最优秀的矢量软件之一，被广泛地应用于插画、包装、印刷出版、书籍排版、动画和网页制作等领域。本章介绍Illustrator CC 2020的基本操作方法，让读者熟悉该软件的界面。

第一节　Illustrator CC 2020 基本操作界面

Illustrator CC 2020的工作界面典雅而实用，工具的选取、面板的访问、工作区的切换等都十分方便。不仅如此，用户还可以自定义工具面板，调整工作界面的亮度，以便凸显图稿。其诸多设计的改进，为用户提供了更加流畅和高效的编辑体验。

一、工作界面概述

运行Illustrator CC 2020后，执行"文件→打开"命令，打开一个文件。可以看到，Illustrator CC 2020的工作界面由标题栏、菜单栏、工具面板、状态栏、文档窗口、面板和控制面板等组件组成（图1-1）。

1. 标题栏

显示了当前文档的名称、视图比例和颜色模式等信息。当文档窗口以最大化显示时，以上项目将显示在程序窗口的标题栏中。

2. 菜单栏

菜单栏用于组织菜单内的命令。Illustrator有9个主菜单，每一个菜单中都包含不同类型的命令。

3. 工具面板

包含用于创建和编辑图像、图稿及页面元素的工具。

4. 控制面板

显示了与当前所选工具有关的选项。它会随着所选工具的不同而改变选项。

5. 面板

用于配合编辑图稿、设置工具参数和选项。很多面板都有菜单，包含特定于该面板的选项。面板可以编组、堆叠和停放。

图1-1　工作界面概述

6. 状态栏

可以显示当前使用的工具、日期和时间，以及还原次数等信息。

7. 文档窗口

编辑和显示图稿的区域。

二、文档窗口

（1）按下Ctrl+O快捷键，弹出"打开"对话框，然后按住Ctrl键，单击素材，将它们选中（图1-2），接着单击"打开"按钮，在Illustrator中打开文件。文档窗口内的黑色矩形框是画面，画面内部是绘图区域，也是可以打印的区域，画面外是画布，画布也可以绘图，但不能打印出来（图1-3）。

（2）当同时打开多个文档时，Illustrator会为每个文档创建一个窗口。所有窗口都停放在选项卡中，单击一个文档的名称，即可将其设置为当前操作的窗口。按下Ctrl+Tab快捷键，可循环切换各个窗口（图1-4）。

（3）在一个文档的标题栏上单击并向下拖曳，可将其从选项卡中拖出，使之成为浮动窗口。拖曳浮动窗口的标题栏可以移动窗口，拖曳边框可以调整窗

图1-2　选择素材

图1-3　画面与画布

口的大小。将窗口拖回选项卡，可将其停放回去（图
1-5）。

（4）如果打开的文档较多，选项卡中不能显示
所有文档的名称，可单击选项卡右侧的按钮，在下拉
菜单中选择所需文档（图1-6）。如果要关闭一个窗
口，可单击其右上角的按钮。如果要关闭所有窗口，
可以在选项卡上单击右键，选择快捷菜单中的"关闭
全部"命令（图1-7）。

（5）执行"编辑→首选项→用户界面"命令，
打开"首选项"对话框，在"亮度"选项中可以调
整界面亮度（从黑色至浅灰色共4种）（图1-8、图
1-9）。

三、工具面板

Illustrator的工具面板中包含用于创建和编辑图
形、图像及页面元素的工具（图1-10）。

（1）单击工具面板顶部的双箭头按钮，可将其
切换为单排或双排显示（图1-11）。

（2）单击一个工具即可选择该工具（图1-12）。

图1-6　选择所需文档

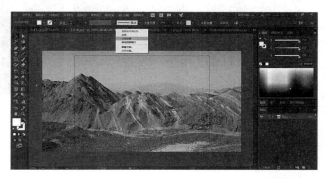

图1-7　关闭全部

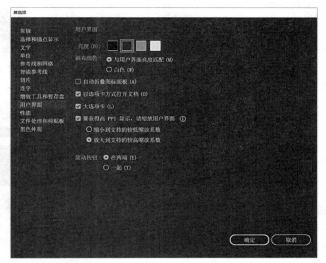

图1-8　用户界面

图1-4　切换窗口

图1-5　拖曳窗口

图1-9　调整界面亮度

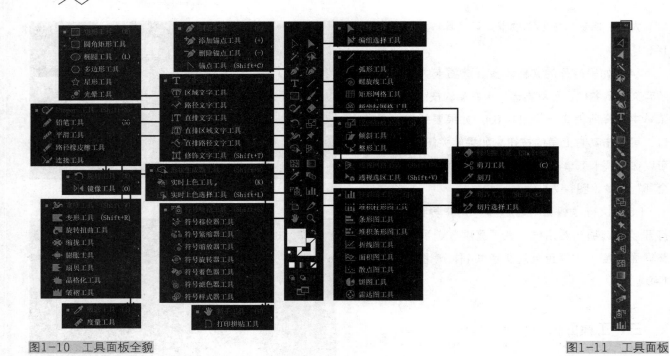

图1-10 工具面板全貌　　　　　　　　　　　　　　　图1-11 工具面板

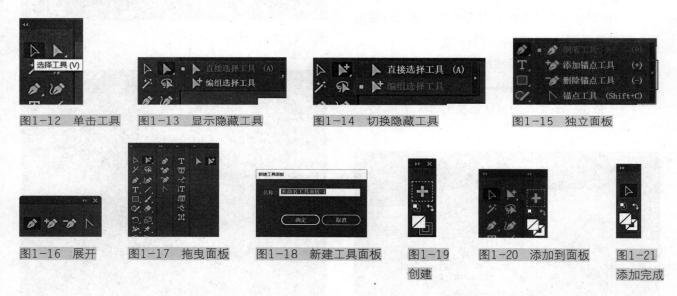

图1-12 单击工具　　图1-13 显示隐藏工具　　图1-14 切换隐藏工具　　图1-15 独立面板

图1-16 展开　　图1-17 拖曳面板　　图1-18 新建工具面板　　图1-19　图1-20 添加到面板　　图1-21
　　　　　　　　　　　　　　　　　　　　　　　　　　创建　　　　　　　　　　　　　　　添加完成

如果工具右下角有三角形图标，表示这是一个工具组，在这样的工具上单击可以显示隐藏的工具（图1-13）；按住鼠标左键，将光标移动到一个工具上，然后放开鼠标左键，即可选择隐藏的工具。按住Alt键单击一个工具组，可以循环切换各个隐藏的工具（图1-14）。

（3）单击工具组右侧的拖出按钮，会弹出一个独立的工具组面板（图1-15、图1-16）。将光标放在面板的标题栏上，单击并向工具面板边界处拖曳，可将其与工具面板停放在一起（水平或垂直方向均可停靠）（图1-17）。如果要关闭工具组，可将其从工具面板中拖出，再单击面板组右上角的按钮。

（4）如果经常使用某些工具，可以将它们整合到一个新的工具面板中，以方便使用。执行"窗口→工具→新建工具面板"命令，打开"新建工具面板"对话框，单击"确定"按钮，创建一个工具面板（图1-18、图1-19）。

（5）将所需工具拖入该面板的"+"处，即可将其添加到面板中（图1-20、图1-21）。

四、面板

Illustrator提供了30多个面板，它们的功能各不相同，有的用于配合编辑图稿，有的用于设置工具参数和选项。很多面板都有菜单，包含特定于该面板的选项。用户可以根据使用需要对面板进行编组、堆叠和停放。如果要打开面板，执行"窗口"菜单中的命令即可。

（1）默认情况下，面板成组停放在窗口的右侧（图1-22）。单击面板右上角的按钮，可以将面板折叠成图标状（图1-23）。单击一个图标，可展开相关面板（图1-24）。

（2）在面板组中，上下、左右拖曳面板的名称可以重新组合面板（图1-25、图1-26）。

（3）将一个面板名称拖曳到窗口的空白处（图1-27），可将其从面板组中分离出来，使之成为浮动面板（图1-28）。拖曳浮动面板的标题栏可以将它放在窗口中的任意位置。

（4）单击面板顶部的按钮，可以逐级隐藏或显示面板选项（图1-29～图1-31）。

（5）在一个浮动面板的标题栏上单击并将其拖曳到另一个浮动面板的底边处，当出现蓝线时放开鼠标，可以堆叠这两个面板（图1-32、图1-33）。它们可以同时移动（拖曳标题栏上面的黑线），也可以单击按钮，将其中的一个最小化。

（6）拖曳面板右下角的大

图1-22 面板

图1-23 折叠
面板成图标

图1-24 展开面板

图1-25 拖曳
面板

图1-26 重新组合
面板

图1-27 拖曳任意到
空白处

图1-28 浮动面板

图1-29 逐级隐藏
面板一

图1-30 逐级隐藏面板二

图1-31 逐级隐藏面板三

图1-32 拖曳面板

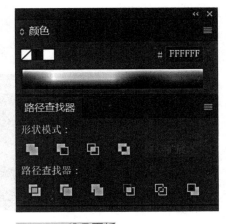

图1-33 堆叠面板

图1-34 调整面板大小

图1-35 改变面板宽度

图1-36 面板菜单

图1-37 关闭选项卡组

小框标记，可以调整面板的大小（图1-34）。如果要改变停放中的所有面板的宽度，可以将光标放在面板左侧边界，按住鼠标左键，并向左或右侧拖曳（图1-35）。

（7）单击面板右上角的按钮，可以打开面板菜单（图1-36）。如果要关闭浮动面板，可单击它右上角的按钮；如果要关闭面板组中的面板，可在它的标题栏上单击右键打开菜单，选择"关闭选项卡组"命令（图1-37）。

五、控制面板

控制面板集成了"画笔""描边"和"图形样式"等多个面板，这意味着不必打开这些面板，便可在控制面板中进行相应的操作（图1-38）。控制面板还会随着当前工具和所选对象的不同而变换选项内容。

（1）单击带有下划线的文字，可以打开面板或对话框（图1-39）。在面板或对话框以外的区域单击，可将其关闭。单击菜单箭头按钮，可以打开下拉菜单或下拉面板（图1-40）。

（2）在文本框中双击，选中字符（图1-41）。重新输入数值并按下回车键可修改数值（图1-42）。

（3）拖曳控制面板最左侧的手柄栏（图1-43），可将其从停放中移出，放在窗口底部或其他位置。如果要隐藏或重新显示控制面板，可以通过"窗口→控制"命令来切换。

（4）单击控制面板最右侧的按钮，可以打开面板菜单（图1-44）。菜单中带有"√"号的选项为当前在控制面板中显示的选项，单击一个选项去掉"√"号，可在控制面板中隐藏该选项。移动了控制面板后，如果想要将其恢复到默认位置，可以执行该面板菜单中的"停放到顶部"或"停放到底部"命令。

图1-38 控制面板

图1-39 打开面板或对话框

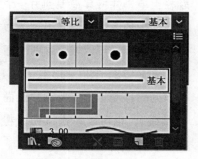
图1-40 打开下拉菜单

− 补充要点 −

Tab快捷键应用

按下Shift+Tab快捷键，可隐藏面板；按下Tab快捷键，可隐藏工具面板、控制面板和其他面板；再次按下相应的按键可重新显示被隐藏的项目。

图1-41　选中字符 　　图1-42　修改数值 　　图1-43　拖曳手柄栏

图1-44　面板菜单

图1-45　菜单命令

图1-46　快捷键

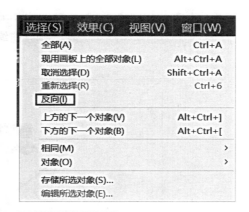

图1-47　反向命令

六、菜单命令

Illustrator有9个主菜单，每个菜单中都包含不同类型的命令（图1-45）。

（1）单击一个菜单即可打开下拉菜单，菜单中带有黑色三角标记的命令表示包含下一级的子菜单。

（2）选择菜单中的一个命令即可执行该命令。如果命令右侧有快捷键提示（图1-46），可通过快捷键执行命令，而不必打开菜单。例如，按下Ctrl+G快捷键，可以执行"对象→编组"命令。有些命令右侧只有字母，没有快捷键，可通过按下Alt键+主菜单的字母，打开主菜单，再按下该命令的字母来执行这一命令。例如，按下Alt+S+I键，可以执行"选择→反向"命令（图1-47）。

（3）在面板上以及选取的对象上单击鼠标右键可以显示快捷菜单（图1-48、图1-49）。菜单中显示的是与当前工具或操作有关的命令。

七、状态栏

状态栏位于文档窗口的底部，当处于最大屏幕模式时，状态栏显示在文档窗口的左下边缘处。单击状态栏中的按钮，可以打开一个下拉菜单，单击"显示"选项右侧的按钮，可以在打开的菜单中选择状态栏显示的具体内容（图1-50）。

1. 同步设置

可以将工作区设置（包括首选项、预设、画笔和库）同步到Creative Cloud，此后使用其他计算机时，只需将各种设置同步到计算机上，即可享受在相同环境中工作的无缝体验。

2. 在Behance上共享

单击该按钮，或执行"文件→在Behance上共享"命令，可以将作品发布到Behance。Behance是一个展示作品和创意的在线平台。在这个平台上，不仅可以大范围、高效率地传播作品，还可以选择向少数人或者任何具有Behance账户的人，征求他们对作品的反馈和意见。

3. 窗口比例

状态栏最左侧的文本框中显示了当前窗口的显示比例。在文本框中输入数值并按下回车键，可以改变文档窗口的显示比例。

4. 画面导航

当文档中包含多个画面时，可以选择并切换画面。

5. 画面名称

显示当前编辑的文档所在画面的名称。

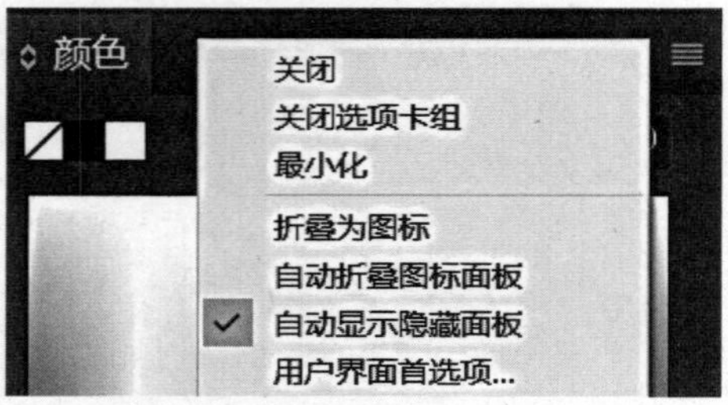

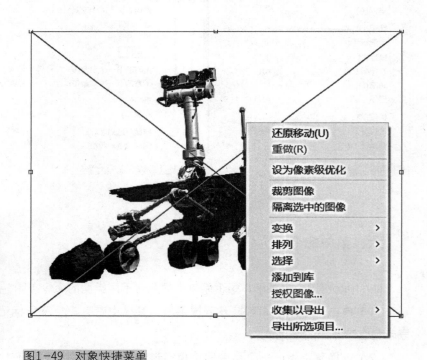

图1-48 面板快捷菜单

图1-49 对象快捷菜单

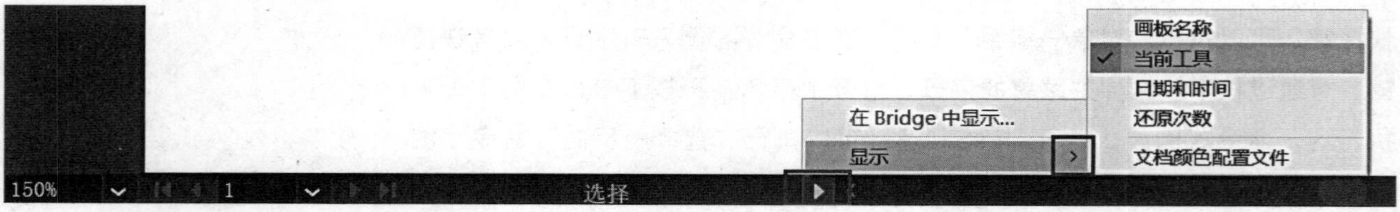

图1-50 状态栏

6. 当前工具

显示当前使用的工具名称。

7. 日期和时间

显示当前的日期和时间。

8. 还原次数

显示可用的还原和重做次数。

9. 文档颜色配置文件

显示文档使用的颜色配置文件的名称。

第二节　文档操作

一、新建文档

在Illustrator中，用户可以按照自己的需要定义文档尺寸、画面和颜色模式等，创建一个自定义文档，也可以从Illustrator提供的预设模板中创建文档。

1. 创建空白文档

执行"文件→新建"命令或按下Ctrl+N快捷键，打开"新建文档"对话框（图1-51）。设置文件的名称、大小和颜色模式等选项后，单击"确定"按钮，可以创建一个空白文档（图1-52）。

（1）名称。可以输入文档的名称，也可以使用默认的文件名称"未标题-1"。创建文档后，名称会显示在文档窗口的标题栏中。保存文件时，文档名称会自动显示在存储文件的对话框内。

图1-51　"新建文档"对话框

图1-52 创建空白文档

图1-53 配置文件大小

（2）配置文件大小。在"配置文件"选项的下拉列表中包含了不同输出类型的文档配置文件，每一个配置文件都预先设置了大小、颜色模式、单位、方向、透明度和分辨率等参数（图1-53）。

（3）画面数量/间距。可以指定文档中的画面数量。如果创建多个画面，还可以指定它们在屏幕上的排列顺序，以及画面之间的默认间距。该选项组中包含几个按钮，其中，按行设置网格，可在指定数目的行中排列多个画面；按列设置网格，可在指定数目的列中排列多个画面；按行排列，可以将画面排列成一个直行；按列排列，可以将画面排列成一个直列；更改为从右到左的版面，可按指定的行或列格式排列多个画面，但按从右到左的顺序显示它们。

（4）宽度/高度/单位/取向。可以输入文档的宽度、高度和单位，从而创建自定义大小的文档。单击"取向"选项中的纵向按钮和横向按钮，可以设置文档的方向。

（5）出血。可以指定画面边侧的出血位置。如果要对不同的侧面使用不同值，可单击锁定图标，再输入数值。

（6）颜色模式。可以设置文档的颜色模式。

（7）栅格效果。可以为文档中的栅格效果指定分辨率。准备以较高分辨率输出到高端打印机时，应将此选项设置为"高"。

（8）预览模式。可以为文档设置默认的预览模式。选择"默认值"，可在矢量视图中以彩色显示在文档中创建的图稿，放大或缩小时将保持曲线的平滑度；选择"像素"，可显示具有栅格化（像素化）外观的图稿，它不会对内容进行栅格化，而是显示模拟的预览，就像内容是栅格一样；选择"叠印"，可提供"油墨预览"，它模拟混合、透明和叠印在分色输出中的显示效果。

（9）使新建对象与像素网格对齐。在文档中创建图形时，可以让对象自动对齐到像素网格上。

（10）模板。单击该按钮，可以打开"从模板新建"对话框，从模板中创建文档。

2. 从模板中创建文档

Illustrator提供了许多预设的模板文件，如信纸、名片、信封、小册子、标签、证书、明信片、贺卡和网站等。

（1）执行"文件→从模板新建"命令，打开"从模板新建"对话框，双击"空白模版"文件夹。

（2）进入该文件夹后，选择一个模板文件，单击"新建"按钮即可从模板中创建一个文档，模板中的图形、字体、段落、样式、符号、裁剪标记和参考线等都会加载到新建的文档中。

二、打开及置入文件

1. 打开文件

Illustrator可以打开不同格式的文件，如AI、CDR和EPS等矢量文件，以及JPEG格式的位图文件。此外，使用Adobe Bridge也可以打开和管理文件。

执行"文件→打开"命令或按下Ctrl+O快捷键，弹出"打开"对话框（图1-54）。选择一个文件，单击"打开"按钮或按下回车键即可将其打开。如果文件较多，不便于查找，可以单击对话框右下角的三角按钮，在下拉列表中选择一种文件格式，让对话框中只显示该格式的文件（图1-55）。

2. 置入文件

使用"置入"命令可以将外部文件导入Illustrator

文档。该命令为文件格式、置入选项和颜色等提供了最高级别的支持，并且置入文件后，还可以使用"链接"面板识别、选择、监控和更新文件。

在Illustrator中创建或打开一个文件后，执行"文件→置入"命令，打开"置入"对话框（图1-56），选择其他程序创建的文件或位图图像，单击"置入"按钮，然后在画面中单击并拖曳鼠标，即可将其置入现有的文档中（图1-57）。

（1）链接。选择该选项后，被置入的图稿同源文件保持链接关系。如果源文件的存储位置发生改变或文件被删除，则置入的图稿也会从Illustrator文件中消失。取消选择时，可以将图稿嵌入文档中。

（2）模板。将置入的文件转换为模板文件。

（3）替换。如果当前文档中已经包含了一个置入的对象，并且处于选择状态，则"替换"选项可用。选择该选项后，新置入的对象会替换文档中被选择的对象。

（4）显示导入选项。勾选该选项，然后单击"置入"按钮，会显示"导入选项"对话框。

（5）文件名。选择置入的文件后，该选项中会显示文件的名称。

（6）文件格式。在"文件名"右侧选项的下拉列表中可以选择文件格式。默认为"所有格式"。选择一种格式后，"置入"对话框中只显示该格式的文件。

图1-54 "打开"对话框

图1-55 选择一种文件格式

图1-56 "置入"对话框

图1-57 置入到现有文档

三、导入与导出文件

Illustrator能够识别所有通用的图形文件格式，因此，用户可以导入其他程序创建的矢量图和位图，也可以将Illustrator中创建的文件导出为不同的格式，以便被其他程序使用。

1. 导入位图图像

位图图像与分辨率有关，也就是说，它们包含固定数量的像素，如果以高缩放比率对它们进行缩放或以低于创建时的分辨率来打印时，将丢失细节，并会呈现出锯齿。使用"文件→置入"命令或通过将图像拖入文档的方式，都可以将位图导入Illustrator文档中。对于导入的位图图像，其图像分辨率由源文件决定。

2. 导入DCS文件

使用"文件→置入"命令可以在Illustrator文档中置入DCS文件。桌面分色（DCS）是标准EPS格式的一个版本。Illustrator可以识别使用Photoshop创建的DCS1.0和DCS 2.0文件中的剪贴路径。Illustrator中可以链接DCS文件，但无法嵌入或打开这些文件。

3. 导入Adobe PDF文件

执行"文件→打开"命令，在弹出的对话框中选择PDF文件，单击"打开"按钮，弹出"打开PDF"对话框，然后选择需要切换的页面，单击"确定"按钮，打开该文档。

4. 导入Auto CAD文件

Auto CAD是计算机辅助设计软件，可用于绘制工程图和机械图等。Auto CAD文件包含DXF和DWG格式。

按下Ctrl+N快捷键，创建一个空白文档。执行"文件→置入"命令，打开"置入"对话框。选择素材文件并勾选"显示导入"选项。单击"置入"按钮，弹出"DXF/DWG选项"对话框，选择"缩放以适合画面"选项，单击"确定"按钮，然后在画面中单击，即可将Auto CAD文件导入Illustrator。

5. 导出图稿

使用"文件→存储"命令保存文件时，可以将图稿存储为4种基本文件格式：AI、PDF、EPS和SVG格式。如果要将图稿存储为其他格式，以便被不同的软件程序使用，可以执行"文件→导出"命令，打开"导出"对话框（图1-58），选择文件的保存位置并输入文件名，然后在保存类型右侧的下拉列表中选择文件的格式（图1-59），接着单击"导出"按钮即可导出文件。

四、保存与关闭文件

1. 文件格式

存储或导出图稿时，Illustrator会将图稿数据写入文件。数据的结构取决

图1-58 "导出"对话框

图1-59 选择文件格式

于选择的文件格式。Illustrator中的图稿可以存储为4种基本格式，即AI、PDF、EPS和SVG，它们可以保留所有的Illustrator数据，因此被称为本机格式。用户也可以以其他格式导出图稿。但在Illustrator中重新打开以非本机格式存储的文件时，可能无法检索所有数据。基于这个原因，我们最好以AI格式存储图稿，再以其他格式存储数字图稿副本。

执行"文件→存储为""文件→导出"和"存储为Web所用格式"命令时，都可以选择文件格式（图1-60、图1-61）。

2. 保存文件

（1）执行"文件→存储"命令或按下Ctrl+S快捷键，可以保存对当前文件所做的修改，文件将以原有的格式保存。如果当前文件是新建的文档，则执行该命令时会弹出"存储为"对话框。

（2）使用"文件→存储为"命令可以将当前文件保存为另外的名称和其他格式，或者存储到其他位置。执行该命令可以打开"存储为"对话框（图1-62）。设置好选项后，单击"保存"按钮即可保存文件。

（3）执行"文件→存储为模板文件"命令，可以将当前文件保存为一个模板文件。执行该命令时会打开"存储为"对话框，选择文件的保存位置并输入文件名，然后单击"保存"按钮即可保存文件。Illustrator会将文件存储为AIT（Adobe Illustrator模板）格式（图1-63）。

图1-60 存储为

图1-61 导出

图1-62 "存储为"对话框

图1-63 AIT格式

（4）执行"文件→存为副本"命令，可以基于当前文件保存一个同样的副本，副本文件名称的后面会添加"复制"二字。如果不想保存对当前文件做出的修改，则可以通过该命令创建文件的副本，再将当前文件关闭。

（5）使用"文件→存储为Microsoft Office所用格式"命令可以创建一个能在Microsoft Office程序中使用的PNG文件。

3. 关闭文件

执行"文件→关闭"命令或按下Ctrl+W快捷键，或者单击文档窗口右上角的"关闭"按钮，可关闭当前文件。如果要退出Illustrator程序，则可以执行"文件→退出"命令，或单击程序窗口右上角的"关闭"按钮。如果有文件尚未保存，将弹出对话框，询问用户是否保存文件。

本章小结

本章主要介绍了在进行深入学习Illustrator CC 2020中文版前必经的入门阶段的一些基础知识。从Illustrator 软件的安装、下载，到Illustrator CC 2020中文版的基本操作界面的认识以及工具的介绍。另外，还详细讲解了Illustrator中文档的新建、打开、保存等基本操作，为后面深入学习打下坚实的基础。通过掌握图形软件基础操作，积累收集一批中国传统图形资料，用于深入学习该软件时练习所用。

课后练习

1. Illustrator CC 2020中文版的工作界面由哪些组件构成？

2. 运行Illustrator CC时，如果打开的文档较多，怎样找到需要的文档？

3. 怎样快速隐藏面板、工具面板、控制面板及其他面板？隐藏后，怎样重新显示被隐藏的项目？

4. Illustrator CC 2020可以打开哪些格式的文件？

5. 在电脑中下载并安装Illustrator CC 2020中文版，熟练Illustrator CC 2020的工作界面。

6. 将Auto CAD中绘制的图形导入Illustrator CC 2020中文版中，然后导出为PDF格式的文件。

7. 收集5~8种中国传统装饰图形，经过Illustrator CC 2020描绘或转换备用。

第二章
图形的绘制与编辑

PPT 课件　　　案例素材　　　教学视频

学习难度：★★★★☆
重点概念：几何图形、线形、光晕、
　　　　　路径、锚点

◄ 章节导读

　　Illustrator虽然可以编辑位图，但绘制和编辑矢量图形才是它的强项。在我们的生活中，任何复杂的图形都可以简化为最基本的几何形状，Illustrator中的矩形、椭圆、多边形、直线段和网格等工具都是绘制这些基本几何图形的工具。Illustrator不仅提供了各种图形的绘制工具，还提供了标尺、参考线、智能参考线和网格等辅助工具，使我们更好地完成绘图、测量和编辑任务。

第一节　绘图模式

　　在Illustrator中绘图时，新创建的图形会堆叠在原有图形的上方。如果想要改变这种绘图方式，例如，在现有图形的下方或内部绘图，可先单击工具面板底部的绘图模式按钮（图2-1），再绘图。

一、正常绘图

　　默认的绘图模式，新创建的对象总是位于最顶部。绘制两个图形（图2-2），接着绘制一个圆形（图2-3）。

二、背面绘图

　　在没有选择画面的情况下，可在所选图层的最底

部绘图（图2-4）。如果选择了画面，则在所选对象的下方绘制新对象。

图2-1　单击绘图模式按钮

图2-2　绘制两个图形

图2-3　绘制一个圆形

图2-4　背面绘图

三、内部绘图

选择一个对象（图2-5），单击该按钮后，可在所选对象内部绘图（图2-6）。通过这种方式可以创建剪切蒙版，使新绘制的对象显示在所选对象的内部。

图2-5　选择对象　　　　图2-6　内部绘图

第二节　基本图形的绘制

矩形工具、椭圆工具、多边形工具和星形工具等都属于最基本的绘图工具。选择这几种工具后，在画面中单击并拖曳鼠标可自由创建图形。如果想要创建精确的图形，可在画面中单击，然后在弹出的对话框中设置与图形相关的参数和选项。

一、绘制矩形和正方形

矩形工具用来创建矩形和正方形（图2-7、图2-8）。选择该工具后，单击并拖曳鼠标可以创建任意大小的矩形；按住Alt键（光标变为书状）操作，可由单击点为中心向外绘制矩形；按住Shift键，可绘制正方形；按住Shift+Alt键，可由单击点为中心向外绘制正方形。如果要创建一个指定大小的图形，可以在面板中单击，打开"矩形"对话框设置参数（图2-9）。

二、绘制圆角矩形

圆角矩形工具用来创建圆角矩形（图2-10）。它的使用方法及快捷键都与矩形工具相同。不同的是，在绘制过程中按下"↑"键，可增加圆角半径直至成为圆形；按下"↓"键可减少圆角半径直至成为方形；按下"←"键或"→"键，可以在方形与圆形之间切换。如果要绘制指定大小的圆角矩形，可在画面中单击，打开"圆角矩形"对话框设置参数（图2-11）。

三、绘制圆形和椭圆形

椭圆工具用来创建圆形和椭圆形（图2-12、图2-13）。选择该工具后，单击并拖曳鼠标可以绘制任意大小的椭圆；按住Shift键可创建圆形；按住Alt键，

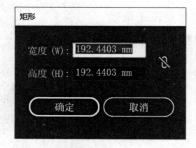

矩形

宽度 (W)：192.4403 mm

高度 (H)：192.4403 mm

确定　　　取消

图2-7　矩形　　　　图2-8　正方形　　　　图2-9　设置参数　　　　图2-10　创建圆角矩形

图2-11　设置参数

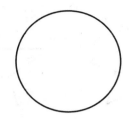

图2-12　创建圆形

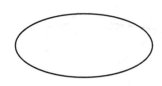

图2-13　创建椭圆形

图2-14　设置参数

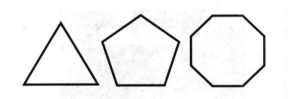

图2-15　多边形

图2-16　设置参数

可由单击点为中心向外绘制椭圆；按住Shift+Alt键，则可由单击点为中心向外绘制圆形。如果要创建指定大小的椭圆或圆形，可在画面中单击，打开"椭圆"对话框设置参数（图2-14）。

四、绘制多边形

多边形工具用来创建三边和三边以上的多边形（图2-15）。在绘制过程中，按下T键或I键，可增加或减少多边形的边数；移动光标可以旋转多边形；按住Shift键操作可以锁定一个不变的角度。如果要指定多边形的半径和边数，可在希望作为多边形中心的位置单击，打开"多边形"对话框进行设置（图2-16）。

五、绘制星形

星形工具用来创建各种形状的星形（图2-17、图2-18）。在绘制过程中，按下"↑"键或"↓"键可增加或减少星形的角点数；拖曳鼠标可以旋转星形；如果要保持不变的角，可按住Shift键来操作；按下Alt键，则可调整星形拐的角度（图2-19、图2-20）。如果要更加精确地绘制星形，可以使用星形工具在希望作为星形中心的位置单击，打开"星形"对话框进行设置（图2-21）。

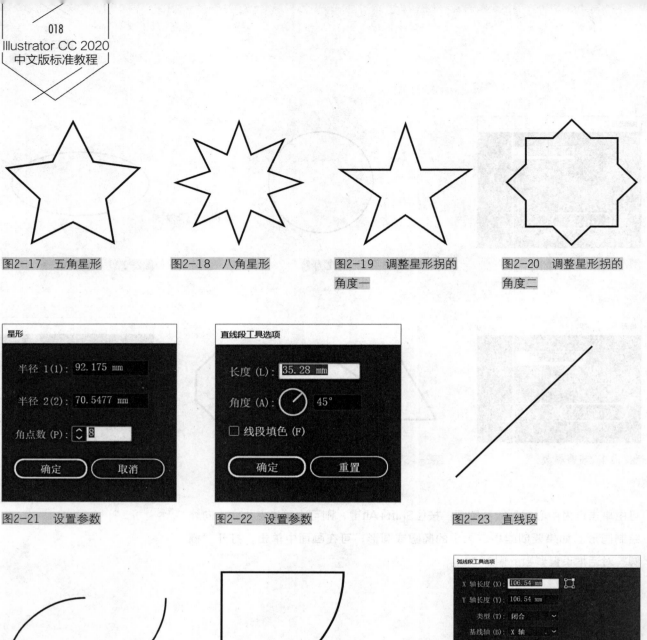

图2-17　五角星形　　　图2-18　八角星形　　　图2-19　调整星形拐的　　图2-20　调整星形拐的
　　　　　　　　　　　　　　　　　　　　　　　　　　　角度一　　　　　　　　角度二

图2-21　设置参数　　　　图2-22　设置参数　　　　图2-23　直线段

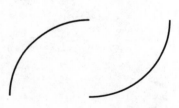

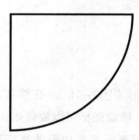

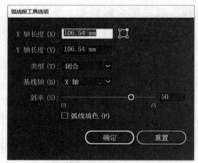

图2-24　切换方向　　　　图2-25　创建闭合图形　　　图2-26　设置参数

六、绘制直线段

直线段工具用来创建直线。在绘制过程中按住Shift键，可以创建水平、垂直或以45°角方向为增量的直线；按住Alt键，直线会以单击点为中心向两侧延伸；如果要创建指定长度和角度的直线，可在画面中单击，打开"直线段工具选项"对话框进行设置（图2-22、图2-23）。

七、绘制弧线

弧形工具用来创建弧线。在绘制过程中按下X键，可以切换弧线的凹凸方向（图2-24）；按下C键，可在开放式图形与闭合图形之间切换（图2-25）；按住Shift键，可以保持固定的角度；按下"↑、↓、←、→"键可以调整弧线的斜率。如果要创建更为精确的弧线，可在画面中单击，打开"弧线段工具选项"对话框设置参数（图2-26）。

1. 参考点定位器

单击参考点定位器上的空心方块，可以设置绘制弧线时的参考点（图2-27）。

2. "X轴"长度/"Y轴"长度

用来设置弧线的长度和高度。

3. 类型

选择下拉列表中的"开放"，可创建开放式弧线；选择"闭合"，可创建闭合式弧线。

4. 基线轴

选择下拉列表中的"X轴"，可以沿水平方向绘制；选择"Y轴"，则沿垂直方向绘制。

5. 斜率

用来指定弧线的斜率方向，可输入数值或拖曳滑块来进行调整。

6. 弧线填色

选择该选项后，会用当前的填充颜色为弧线围合的区域填色（图2-28）。

八、绘制螺旋线

螺旋线工具用来创建螺旋线（图2-29）。选择该工具后，单击并拖曳鼠标即可绘制螺旋线，在拖曳鼠标的过程中移动光标可以旋转螺旋线；按下R键，可以调整螺旋线的方向（图2-30）；按住Ctrl键可调整螺旋线的紧密程度（图2-31）；按下"↑"键可增加螺旋，按下"↓"键则减少螺旋。如果要更加精确地绘制图形，可在画面中单击并打开"螺旋线"对话框设置参数（图2-32）。

图2-27 参考点定位器

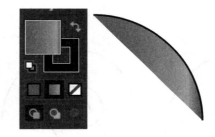

图2-28 弧线填色

图2-29 创建螺旋线　　　图2-30 调整方向

图2-31 调整紧密程度

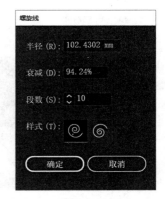

图2-32 设置参数

1. 半径

用来设置从中心到螺旋线最外侧的点的距离。该值越高，螺旋的范围越大。

2. 衰减

用来设置螺旋线的每一螺旋相对于上一螺旋应减少的量。该值越小，螺旋的间距越小（图2-33、图2-34）。

3. 段数

决定了螺旋线路径段的数量（图2-35、图2-36）。

4. 样式

可以设置螺旋线的方向。

九、绘制光晕图形

使用光晕工具可以绘制出媲美真实光效的矢量光晕图形，并且可以随时调整光晕图形的大小、修改射线数量和模糊程度。

1. 绘制光晕图形

（1）按下Ctrl+O快捷键，打开素材文件（图2-37）。

（2）选择光晕工具，在图稿右下角单击（不要放开鼠标按键），放置光晕中央手柄（图2-38）；拖曳鼠标设置中心的大小和光晕的大小并旋转射线角度（按下"↑"键或"↓"键可添加或减少射线）（图2-39）；放开鼠标按键，在画面的另一处再次单击并拖曳鼠标，添加光环并放置末端手柄（按下"↑"键或"↓"键可添加或减少光环）；最后放开鼠标按键，创建光晕图形（图2-40）。

（3）保持图形的选取状态，按下Ctrl+C快捷键复制，然后连按两下Ctrl+F快捷键将图形粘贴到前面，增加光晕强度（图2-41）。

2. 修改光晕

光晕图形是矢量对象，它包含中央手柄和末端手柄，手柄可以定位光晕和光环，中央手柄是光晕的明亮中心，光晕路径从该点开始（图2-42）。

（1）打开素材文件（图2-43），使用光晕工具创建光晕图形（图2-44）。

（2）保持图形的选取状态，使用光晕工具单击并拖曳中央手柄，可以移动它的位置（图2-45）。单击并拖曳末端手柄（图2-46）。

（3）单击末端手柄，然后按下"↑"键，增加光环数量（图2-47、图2-48）。

图2-33　衰减70%

图2-34　衰减80%

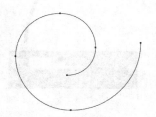
图2-35　段数为5

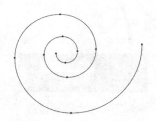
图2-36　段数为10

图2-37　打开素材

图2-38　放置中央手柄

图2-39　拖曳鼠标

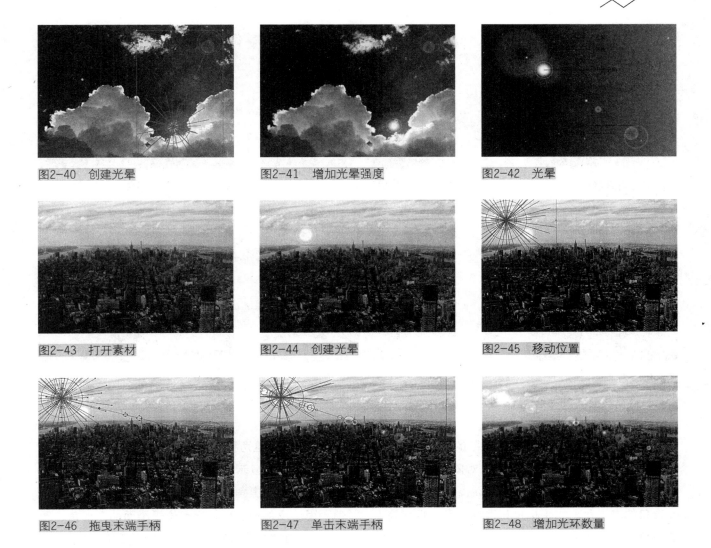

图2-40　创建光晕　　　　　　图2-41　增加光晕强度　　　　　图2-42　光晕

图2-43　打开素材　　　　　　图2-44　创建光晕　　　　　　图2-45　移动位置

图2-46　拖曳末端手柄　　　　图2-47　单击末端手柄　　　　图2-48　增加光环数量

第三节　使用辅助工具

在Illustrator中，标尺、参考线和网格等都属于辅助工具，它们不能编辑
对象，其用途是帮助用户更好地完成编辑任务。

一、使用标尺

标尺可以帮助用户在窗口中精确地放置对象以及进行测量。

（1）打开素材（图2-49）。执行"视图→标尺→显示标尺"命令，或按下
Ctrl+R快捷键，窗口顶部和左侧会显示标尺（图2-50）。显示标尺后，当移动
光标时，标尺内的标记会显示光标的精确位置。

图2-49 打开素材

图2-50 显示标尺

图2-51 显示十字线

图2-52 新原点

图2-53 原点恢复默认位置

图2-54 打开菜单

（2）在每个标尺上，显示"0"的位置为标尺原点，修改标尺原点的位置，可以从对象上的特定点开始进行测量。如果要修改标尺的原点，可以将光标放在窗口的左上角（水平标尺和垂直标尺的相交处），然后单击并拖曳鼠标，画面中会显示出一个十字线（图2-51），放开鼠标后，该处便会成为原点的新位置（图2-52）。

（3）如果要将原点恢复为默认的位置，可以在窗口的左上角（水平标尺与垂直标尺交界处的空白位置）双击（图2-53）。在标尺上单击右键可以打开下拉菜单，选择其中的选项可以修改标尺的单位，如英寸、毫米、厘米和像素等（图2-54）。如果要隐藏标尺，可以执行"视图→标尺→隐藏标尺"命令，或按下Ctrl+R快捷键。

二、使用全局标尺与画面标尺

Illustrator分别为文档和画面提供了单独的标尺，即全局标尺和画面标尺。在"视图→标尺"下拉菜单中选择"更改为全局标尺"或"更改为画面标尺"命令，可以切换这两种标尺。

全局标尺显示在窗口的顶部和左侧，标尺原点位于窗口的左上角（图2-55）。画面标尺显示在当前画面的顶部和左侧，原点位于画面的左上角（图2-56）。在文档中只有一个画面的情况下，这两种标尺的默认状态相同。

这两种标尺的区别在于，如果选择画面标尺，则使用画面工具调整画面大小时，原点将根据画面而改变位置（图2-57）。如果图稿中包含使用图案填充的对象，则修改全局标尺的原点时会影响图案拼贴的位置（图2-58）。而修改画面标尺的原点，图案不会受到影响。

三、使用视频标尺

执行"视图→标尺→显示视频标尺"命令，可以显示视频标尺（图2-59）。在处理要导出到视频的图稿时，这种标尺非常有用。标尺上的数字反映了特定于设备的像素，Illustrator的默认视频标尺像素长宽比是1.0（对于方形像素）。

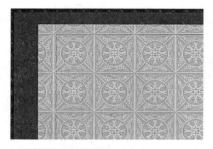

图2-55　全局标尺

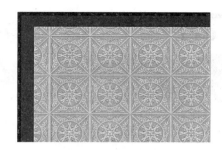

图2-56　画面标尺

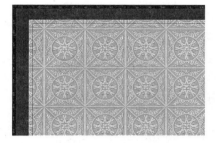

图2-57　原点根据画面改变位置

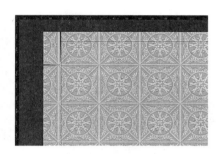

图2-58　原点影响图案拼贴位置

图2-59　视频标尺

图2-60　打开素材

四、使用参考线

参考线可以帮助用户对齐文本和图形对象。

（1）打开素材（图2-60），按下Ctrl+R快捷键显示标尺（图2-61）。

图2-61　显示标尺

图2-62　拖出水平参考线

（2）在水平标尺上单击并向下拖曳鼠标，拖出水平参考线（图2-62）。在垂直标尺上拖出垂直参考线（图2-63）。拖曳时按住Shift键，可以使参考线与标尺上的刻度对齐。

（3）单击参考线可将其选择，单击并拖曳参考线可将其移动（图2-64）。选择参考线后，按下Delete键可将其删除（图2-65）。如果要删除所有参考线，可以执行"视图→参考线→清除参考线"命令。

图2-63　拖出垂直参考线

图2-64　移动参考线

图2-65 删除参考线

图2-66 打开素材

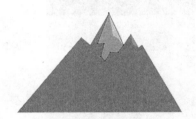

图2-67 选择矢量对象

图2-68 转换为参考线

图2-69 打开素材

图2-70 放置光标

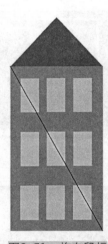

图2-71 拖曳鼠标
至终点

五、将矢量对象转换为参考线

（1）打开素材（图2-66）。使用选择工具单击矢量对象，将其选择（图2-67）。

（2）执行"视图→参考线→建立参考线"命令，即可将其转换为参考线（图2-68）。如果要将矢量对象转换的参考线重新转换为图形，可以选择参考线，然后执行"视图→参考线→释放参考线"命令。

六、使用度量工具测量对象之间的距离

度量工具可以测量任意两点之间的距离，测量结果会显示在"信息"面板中。

（1）打开素材（图2-69）。选择工具面板中的度量工具，将光标放在测量位置的起点处（图2-70）。

（2）单击并拖曳鼠标至测量的终点处（按住Shift键操作可以将绘制范围限制为45°角的倍数）（图2-71）。此时会自动弹出"信息"面板，并显示

"X轴"和"Y轴"的水平及垂直距离、绝对水平和垂直距离、总距离以及测量的角度（图2-72）。

图2-72 "信息"面板

七、使用网格

网格是打印不出来的辅助工具，在对称地布置对象时非常有用。

（1）打开素材（图2-73）。执行"视图→显示网格"命令，图稿后面会显示网格（图2-74）。

（2）显示网格后，执行"视图→对齐网格"命令，启用对齐功能（图2-75）。使用选择工具单击并拖曳对象进行移动操作，对象会自动对齐到网格上（图2-76）。如果要隐藏网格，可以执行"视图→隐藏网格"命令。

图2-73 打开素材

八、使用对齐点

执行"视图→对齐点"命令，可以启用点对齐功能。此后移动对象时，可将其对齐到锚点和参考线上（图2-77、图2-78）。

九、"信息"面板

"信息"面板可以显示光标下面的区域和所选对象的各种有用信息，包括当前对象的位置、大小和颜色值等。此外，该面板还会因操作的不同而显示不同的信息。

选择一个图形对象（图2-79）。执行"窗口→信息"命令，打开"信息"面板。单击面板左上角的按钮，显示完整的面板选项（图2-80）。

图2-74 显示网格

隐藏网格(G)	Ctrl+"
对齐网格	Shift+Ctrl+"
对齐像素(S)	
对齐点(N)	Alt+Ctrl+"
新建视图(I)...	
编辑视图...	

图2-75 对齐网格

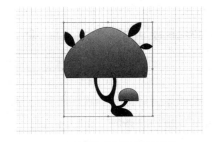

图2-76 对象自动对齐到网格

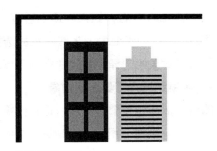

图2-77 原图

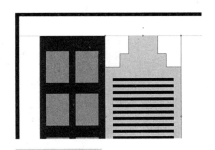

图2-78 对齐点

图2-79 选择对象

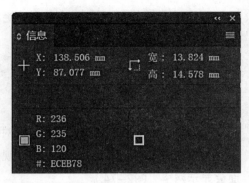

图2-80 "信息"面板

- 补充要点 -

快捷键"Ctrl+"的作用

按下Ctrl+R快捷键可以显示或隐藏标尺；按下Ctrl+；快捷键可以锁定或解除锁定参考线；按下Ctrl+U快捷键可以显示或隐藏智能参考线。

第四节　图形的基本操作

一、选择对象

在Illustrator中，如果要编辑对象，首先应将其选择。Illustrator提供了许多选择工具和命令，适合不同类型的对象。

1. 用选择工具选择对象

（1）按下Ctrl+O快捷键，打开素材文件（图2-81）。

（2）选择工具面板中的选择工具，将光标放在对象上，单击鼠标即可选中对象，所选对象周围会出现定界框（图2-82）。如果单击并拖出一个矩形选框，则可以选中选框内的所有对象（图2-83）。

（3）选择对象后，如果要添加选择其他对象，可按住Shift键分别单击它们（图2-84）。如果要取消某些对象的选择，也是按住Shift键单击它们。如果要取消所有对象的选择，可以在空白区域单击。

2. 用编组选择工具选择对象

编组是指选择多个对象后，将它们编入一个组中，以便于编辑。

（1）打开素材（图2-85）。使用选择工具单击编组对象时，可以选择整个组（图2-86）。

图2-81　打开素材

图2-82　定界框

图2-83　拖出矩形选框

图2-84　添加其他对象

图2-85　打开素材

图2-86　选择整组

图2-87　选择组中对象

图2-88　双击选择对象所在组

图2-89　打开素材

图2-90　填充颜色

图2-91　选中一个对象

图2-92　选中所有相同颜色
的对象

（2）使用编组选择工具在对象上单击，可以选择组中的一个对象（图2-87）。双击可以选择对象所在的组（图2-88）。如果该组为多级嵌套结构（即组中还包含组），则每多单击一次，便会多选择一个组。

3. 用魔棒工具选择对象

如果要快速选择文档中具有相同填充内容、描边颜色、不透明度和混合模式等属性的所有对象，可以通过魔棒工具和"魔棒"面板来操作。

（1）打开素材（图2-89），双击魔棒工具，选择该工具并弹出"魔棒"面板，然后勾选"填充颜色"选项（图2-90）。

（2）用魔棒工具在一个橙色图形上单击，即可同时选中所有填充了相同颜色的对象（图2-91、图2-92）。如果要添加选择其他对象，可按住Shift键单击它们。如果要取消选择某些对象，可按住Alt键单击它们。

4. "魔棒"面板

"魔棒"面板用来定义魔棒工具的选择属性和选择范围（图2-93）。

图2-93 "魔棒" 面板

5. 选择相同属性的对象

选择对象后，打开"选择→相同"下拉菜单（图2-94），执行其中的命令可以选择与所选对象具有相同属性的其他所有对象。

6. 用"图层"面板选择对象

编辑复杂的图稿时，小图形经常会被大图形遮盖，想要选择被遮盖的对象比较困难。遇到这种情况时，可以通过"图层"面板来选择对象。

（1）打开素材。单击"图层"面板中的"图层列表"按钮，展开图层列表（图2-95）。

（2）如果要选择一个对象，可在对象的选择列单击（图2-96）。按住Shift键单击其他选择列，可以添加选择其他对象（图2-97）。

（3）如果要选择一个组中的所有对象，可以在组的选择列单击（图2-98）。在图层的选择列单击，可以选择图层中的所有对象（图2-99）。

7. 按照堆叠顺序选择对象

在Illustrator中绘图时，新绘制的图形总是位于前一个图形的上方。当多个图形堆叠在一起时，可通过下面的方法选择它们。

（1）打开素材（图2-100）。使用选择工具先单击位于中间的图标，将其选择（图2-101）。

（2）如果要选择它上方最近的对象，可以执行"选择→上方的下一个对象"命令（图2-102）。如果要选择它下方最近的对象，可以执行"选择→下方的下一个对象"命令（图2-103）。

8. 选择特定类型的对象

"选择→对象"下拉菜单中包含的命令，它们可以自动选择文档中特定类型的对象（图2-104）。

9. 全选、反选和重新选择

选择一个或多个对象后（图2-105），执行"选择→反向"命令，可以取消原有对象的选择，而选择所有未被选中的对象（图2-106）。

执行"选择→全部"命令，可以选择文档中所有画面上的全部对象。执行"选择→现用画面上的全部

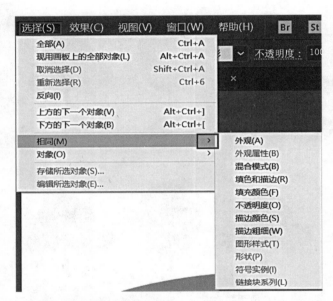

图2-94 选择相同属性的对象

图2-95 "图层" 面板

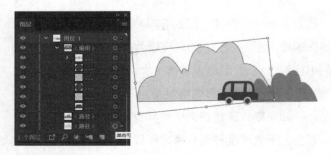

图2-96 单击选择列

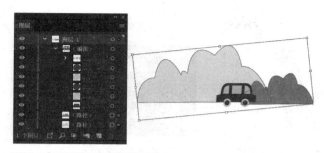

图2-97　添加选择其他对象

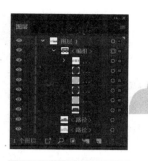

图2-98　单击组选择列

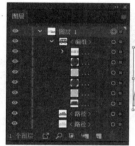

图2-99　单击图层选择列

图2-100　打开素材

图2-101　选择对象

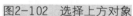

图2-102　选择上方对象

图2-103　选择下方对象

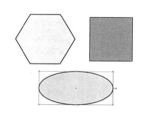

图2-105　选择一个对象

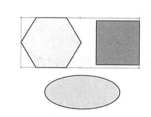

图2-106　反向命令

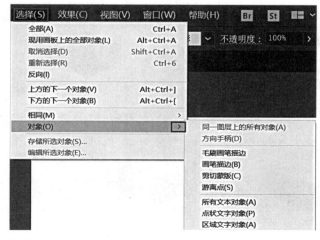

图2-104　选择特定类型的对象

对象"命令，可以选择当前画面上的全部对象。选择对象后，执行"选择→取消选择"命令，或在画面空白处单击，可以取消选择。取消选择以后，如果要恢复上一次的选择，可以执行"选择→重新选择"命令。

10. 存储所选对象

编辑复杂的图形时，如果需要经常选择某些对象或某些锚点，可以使用"存储所选对象"命令将这些对象或锚点的选取状态保存。以后需要选择它们时，只需执行相应的命令便可以直接将其选择。

（1）打开素材（图2-107）。使用选择工具单击对象，将其选择（图2-108）。

（2）执行"选择→存储所选对象"命令，打开"存储所选对象"对话框，输入一个名称（图2-109），然后单击"确定"按钮，将对象的选取状态保存。使用直接选择工具单击并拖出一个选框，选中图中的锚点（图2-110）。再次打开"存储所选对象"对话框，将锚点的选取状态也保存起来（图2-111）。

（3）在空白区域单击，取消选择。打开"选择"菜单（图2-112），可以看到，前面创建的两个选取状态保存在菜单底部，单击它们，即可调出对象以及锚点的选取状态（图2-113、图2-114）。

图2-107　打开
素材

图2-108　选择
对象

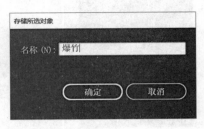

图2-109　输入名称

图2-110　选中锚点

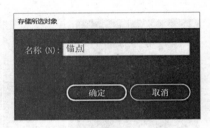

图2-111　存储所选对象

图2-112　"选择"菜单

图2-113　对
象选取状态

图2-114　锚
点选取状态

二、移动对象

1. 移动对象

（1）打开素材（图2-115），使用选择工具单击对象并按住鼠标按键拖曳，即可将其移动（图2-116）。按住Shift键操作，可沿水平、垂直或对角线方向移动。

（2）按住Alt键拖曳，可以复制对象（图2-117）。

2. 使用"X"和"Y"坐标移动对象

（1）使用选择工具单击对象（图2-118），在"变换"面板或"控制"面板的"X"（代表水平位置）和"Y"（代表垂

图2-115　打开素材

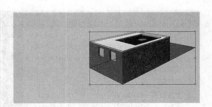

图2-116　移动对象

图2-117　复制对象

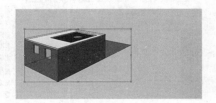

图2-118　选择对象

图2-119 输入新值

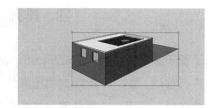

图2-120 移动对象

图2-121 修改参考点位置

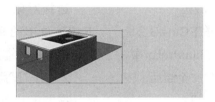

图2-122 移动对象

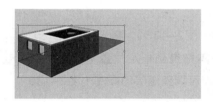

图2-123 选择对象

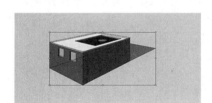

图2-125 移动对象

图2-124 输入移动距离和角度

直位置）文本框中输入新值（图2-119），按下"回车"键即可移动对象（图2-120）。

（2）单击参考点定位器左侧的小方块，修改参考点的设置，然后输入"X"值为"0"（图2-121），可以将对象移动到画面左侧边界上（图2-122）。

3. 按照指定的距离和角度移动

（1）选择对象（图2-123），然后双击选择工具，或执行"对象→变换→移动"命令，打开"移动"对话框。

（2）输入移动距离和角度（图2-124），单击"确定"按钮，即可按照设定的参数移动对象（图2-125）。

- 补充要点 -

移动所选对象

使用选择工具选取对象后，按下"→、←、↑、↓"键，可以将所选对象沿相应的方向轻微移动1个点的距离。如果同时按住方向键和Shift键，则可以移动10个点的距离。

三、编组

复杂的图稿往往包含许多图形，为了便于选择和管理，可以将多个对象编为一组，此后进行移动、旋转和缩放等操作时，它们会一同变化。编组后，还可随时选择组中的部分对象进行单独处理。

（1）打开素材，使用选择工具按住Shift键单击两个对象将其选取（图2-126、图2-127）。

（2）执行"对象→编组"命令或按下Ctrl+G快捷键，将它们编为一组（图2-128）。在Illustrator中，组可以是嵌套结构的，也就是说，创建一个组后，还可将其与其他对象再次编组或编入其他组中，形成结构更为复杂的组（图2-129）。

（3）编组后，使用选择工具单击组中的任意一个对象时，都可以选择整个群组。在进行变换操作时，组内的对象会同时变换（图2-130）。

（4）如果要取消编组，可以选择组对象，执行"对象→取消编组"命令或按下Shift+Ctrl+G快捷键。对于嵌套结构的组，需要多次执行该命令才能取消所有的组。

四、排列、对齐与分布

在Illustrator绘图时，新绘制的图形总是位于先前绘制的图形的上面，对象的这种堆叠方式将决定其重叠部分如何显示，因此，调整堆叠顺序时，会影响图稿的显示效果。

1. 排列对象

选择对象（图2-131），执行"对象→排列"下拉菜单中的命令可以调整对象的堆叠顺序（图2-132）。

2. 用"图层"面板调整堆叠顺序

在Illustrator中绘图时，对象的堆叠顺序与"图层"面板中图层的堆叠顺序是一致的，因此，通过"图层"面板也可以调整堆叠顺序。该方法特别适合复杂的图稿。

（1）打开素材（图2-133），将光标放在一个图层上方，单击并将其拖曳到指定位置（图2-134），放开鼠标按键后，即可调整图层的顺序（图2-135），获得新的图层效果（图2-136）。

（2）通过这种方法可以调整图层、子图层的顺

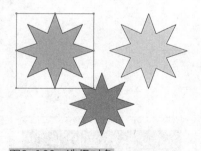
图2-126 选择对象

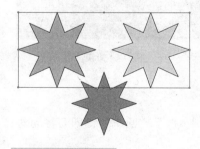
图2-127 加选对象

图2-128 编组

图2-129 更复杂的组

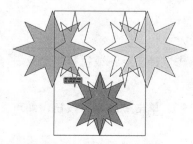
图2-130 选择整组

图2-131 选择对象

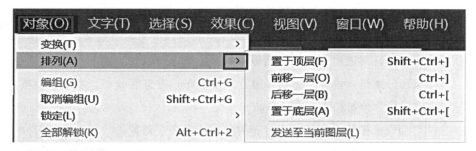

图2-132 调整堆叠顺序

图2-133 打开素材

图2-134 拖曳图层

图2-135 调整图层顺序

图2-136 新的图层效果

图2-137 拖曳子图层

图2-138 新的图层

序，也可以将一个图层移动到另一个图层中，使其成为该图层的子图层（图2-137、图2-138）。

3. 对齐对象

选择多个对象后，单击"对齐"面板中的对齐按钮，可以沿指定的轴将它们对齐（图2-139）。对齐按钮分别是：水平左对齐，水平居中对齐，水平右对齐，垂直顶对齐，垂直居中对齐和垂直底对齐。

4. 分布对象

（1）分布对象。如果要按照一定的规则分布多个对象，可以将它们选择，再通过"对齐"面板中的按钮来进行操作（图2-140）。这些按钮分别是：垂直顶分布，垂直居中分布，垂直底分布，水平左分布，水平居中分布和水平右分布。

（2）按照设定的距离分布对象。选择多个对象后（图2-141），单击其中的一个图形（图2-142），然后在"分布间距"选项中输入数值（图2-143），再单击垂直分布间距按钮或水平分布间距按钮，即可让所选图形按照设定的数值均匀分布（图2-144、图2-145）。

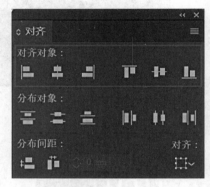

图2-139　对齐对象

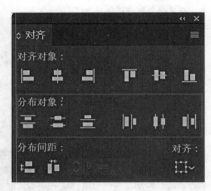

图2-140　分布对象

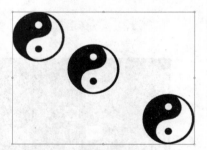

图2-141　选择多个对象

图2-142　单击一个图形

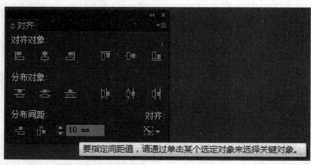
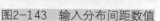

图2-143　输入分布间距数值

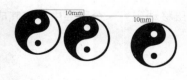

图2-144　水平分布

图2-145　垂直分布

五、复制、剪切与粘贴

"复制""剪切"和"粘贴"都是应用程序中最普通的命令，它们用来完成复制与粘贴任务。与其他程序不同的是，Illustrator还可以对图稿进行特殊的复制与粘贴，例如，粘贴在原有位置上或在所有的画面上粘贴等。

1. 复制与剪切

选择对象后，执行"编辑→复制"命令，可以将对象复制到剪贴板，画面中的对象保持不变。如果执行"编辑→剪切"命令，则可以将对象从画面中剪切到剪贴板中。

2. 粘贴与就地粘贴

复制或剪切对象后，执行"编辑→粘贴"命令，可以将对象粘贴在文档窗口的中心位置。执行"编辑→就地粘贴"命令，可以将对象粘贴到当前画面上，粘贴后的位置与复制该对象时所在的位置相同。

3. 在所有画面上粘贴

如果创建了多个画面，执行"编辑→在所有画面上粘贴"命令，可以在所有画面的相同位置都粘贴对象。

4. 贴在前面与贴在后面

选择一个对象（图2-146），复制（或剪切）对象后，可以使用"编辑→贴在前面"或"编辑→贴在后面"命令将对象粘贴到指定的位置。如果当前没有选择任何对象，执行"贴在前面"命令时，粘贴的对象会位于被复制的对象的上方，且与它重合。如果选择了一个对象（图2-147），再执行该命令，则粘贴的对象仍与被复制的对象重合，但它的堆叠顺序会排在所选对象之上（图2-148）。

"贴在后面"与"贴在前面"命令效果相反。如果没有选择任何对象，执行该命令时，粘贴的对象会位于被复制的对象的下方，且与之重合。如果执行该命令前选择了一个对象，则粘贴的对象仍与被复制的对象重合，但它的堆叠顺序会排在所选对象之下。

5. 删除对象

如果要删除对象，可以将对象选择，然后执行"编辑→清除"命令，或按下Delete键。

图2-146 选择对象

图2-147 选择对象

图2-148 堆叠顺序改变

第五节　高级绘图方法

一、路径和锚点

路径由一条或多条直线或曲线路径段组成，既可以是闭合的（图2-149），也可以是开放的（图2-150）。Illustrator中的绘图工具，如钢笔、铅笔、画笔、直线段、矩形、多边形和星形等都可以创建路径。

锚点用于连接路径段，曲线上的锚点包含方向线和方向点（图2-151），它们用于调整曲线的形状。

锚点分为两种：一种是平滑点；另一种是角点。平滑的曲线由平滑点连接而成（图2-152）；直线和转角曲线由角点连接而成（图2-153、图2-154）。

选择曲线上的锚点时，会显示方向线和方向点（图2-155）。拖曳方向点可以调整方向线的方向和长度，进而改变曲线的形状（图2-156）。方向线的长度决定了曲线的弧度，当方向线较短时，曲线的弧度较小（图2-157）；方向线越长，曲线的弧度越大（图2-158）。

二、用铅笔工具绘图

使用铅笔工具可以徒手绘制路径，就像用铅笔在纸上绘图一样。该工具适合绘制比较随意的图形，在快速创建素描效果或创建手绘效果时很有用。

选择铅笔工具后，在画面中单击并拖曳鼠标即可绘制路径（图2-159）。当光标移动到路径的起点时放开鼠标，可以闭合路径（图2-160）。如果拖曳鼠标时按住Shift键，可绘制出以45°角为增量的斜线，按住Alt键，可绘制出直线。

铅笔工具不仅可以绘制路径，也可以编辑路径，修改路径的形状。

三、用钢笔工具绘图

钢笔工具是Illustrator中最强大、最重要的绘图工具，它可以绘制直线、曲线和各种图形。能够灵

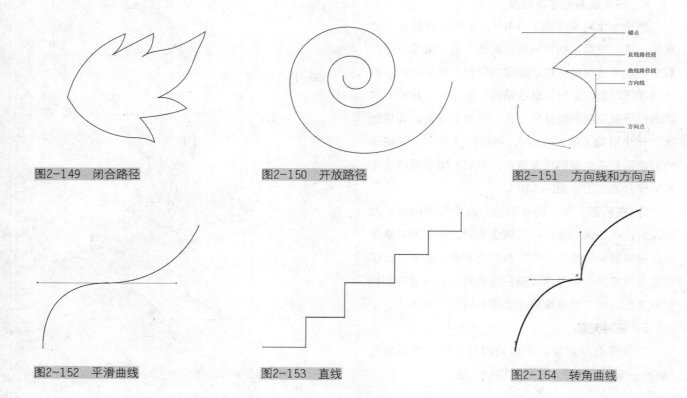

图2-149　闭合路径　　　　图2-150　开放路径　　　　图2-151　方向线和方向点

图2-152　平滑曲线　　　　图2-153　直线　　　　图2-154　转角曲线

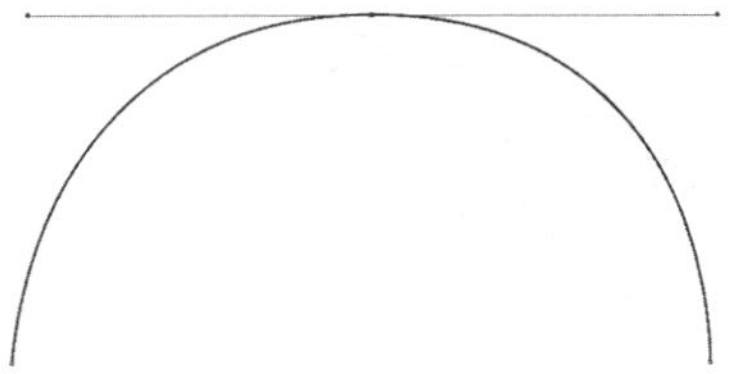

图2-155 选择锚点

图2-156 拖曳方向点

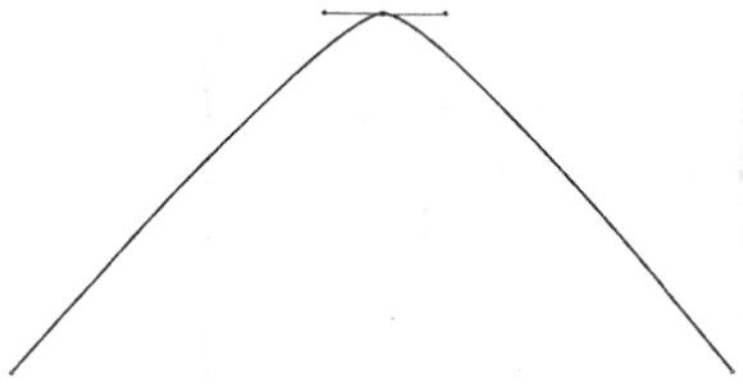

图2-157 方向线短

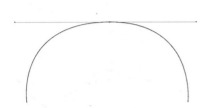

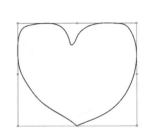

图2-158 方向线长

图2-159 绘制路径

图2-160 闭合路径

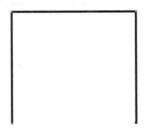

图2-161 创建锚点

图2-162 创建直线路径

图2-163 绘制直线

图2-164 闭合路径

活、熟练地使用钢笔工具绘图，是每一个Illustrator用户必须掌握的基本技能。

1. 绘制直线路径

（1）选择钢笔工具，在画面上单击鼠标（不要拖曳鼠标）创建锚点（图2-161）。在另一处位置单击即可创建直线路径（图2-162）。按住Shift键单击可以将直线的角度限制为45°的倍数。继续在其他位置单击，可继续绘制直线（图2-163）。

（2）如果要结束开放式路径的绘制，可按住Ctrl键（切换为选择工具）在远离对象的位置单击，也可选择工具面板中的其他工具。如果要闭合路径，可以将光标放在第一个锚点上（图2-164），单击鼠标即可（图2-165）。

2. 绘制曲线路径

（1）使用钢笔工具单击并拖曳鼠标创建平滑点（图2-166）。

（2）在另一处单击并拖曳鼠标即可创建曲线。如果向前一条方向线的相反方向拖曳鼠标，可创建"C"形曲线（图2-167）。如果按照与前一条方向线相同的方向拖曳鼠标，可创建"S"形曲线（图2-168）。绘制曲线时，锚点越少，曲线越平滑。

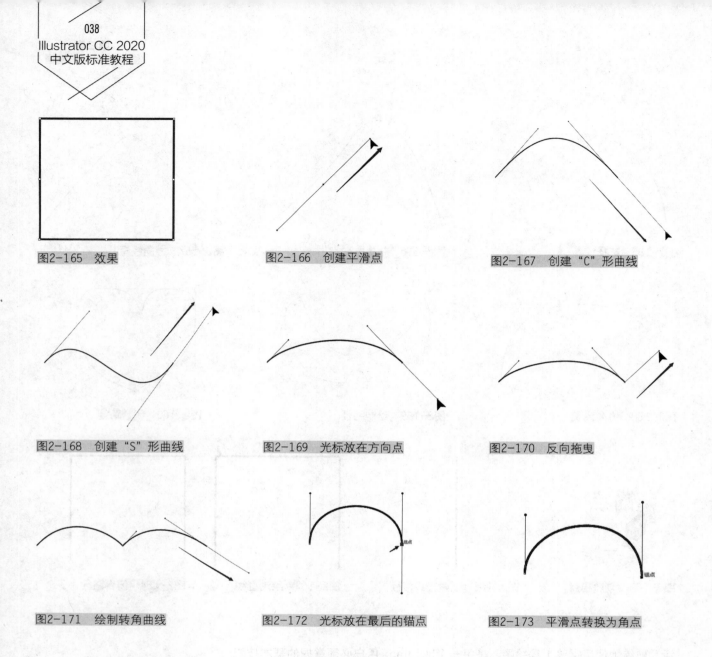

图2-165　效果

图2-166　创建平滑点

图2-167　创建"C"形曲线

图2-168　创建"S"形曲线

图2-169　光标放在方向点

图2-170　反向拖曳

图2-171　绘制转角曲线

图2-172　光标放在最后的锚点

图2-173　平滑点转换为角点

（3）继续在不同的位置单击并拖曳鼠标，可创建一系列平滑的曲线。

3．绘制转角曲线

转角曲线是与上一段曲线之间出现转折的曲线。绘制这样的曲线时，需要在创建新的锚点前改变方向线的方向。

（1）用钢笔工具绘制一段曲线。将光标放在方向点上（图2-169），单击并按住Alt键向相反方向拖曳（图2-170）。这样的操作是通过拆分方向线的方式将平滑点转换成角点。此时方向线的长度决定了下一条曲线的斜度。

（2）放开Alt键和鼠标按键，在其他位置单击并拖曳鼠标创建一个新的平滑点，即可绘制出转角曲线（图2-171）。

4．在曲线后面绘制直线

（1）用钢笔工具绘制一段曲线路径。将光标放在最后一个锚点上（图2-172），单击鼠标，将该平滑点转换为角点（图2-173）。

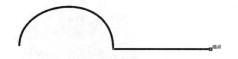

图2-174 继续绘制直线

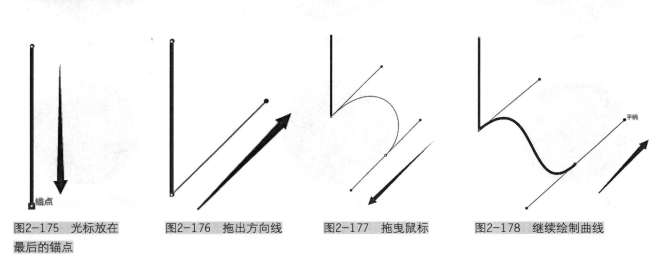

图2-175 光标放在
最后的锚点

图2-176 拖出方向线

图2-177 拖曳鼠标

图2-178 继续绘制曲线

（2）在其他位置单击（不要拖曳鼠标），即可在曲线后面绘制直线（图2-174）。

5. 在直线后面绘制曲线

（1）用钢笔工具绘制一段直线路径。将光标放在最后一个锚点上（图2-175），单击并拖出一条方向线（图2-176）。

（2）在其他位置单击并拖曳鼠标，即可在直线后面绘制曲线（图2-177、图2-178）。

四、编辑锚点

绘制路径后，可以随时通过编辑锚点来改变路径的形状，使绘制的图形更加准确。

1. 用直线选择工具选择锚点和路径

在修改路径形状或编辑路径之前，首先应选择路径上的锚点或路径段。

（1）打开素材，将直接选择工具放在路径上，检测到锚点时会显示一个较大的方块，且方块变为空心状（图2-179），此时单击即可选择该锚点，选中的锚点显示为实心方块，未选中的锚点显示为空心方块（图2-180）。

（2）如果要添加选择其他锚点，可以按住Shift键单击这些锚点。按住Shift键单击被选中的锚点，则可取消对该锚点的选择。单击并拖出一个矩形选框，可以将选框内的所有锚点都选中（图2-181）。被选中的锚点可以分属不同的路径、组或不同的对象。如果要移动锚点，可以单击锚点并按住鼠标按键拖曳（图2-182）。

（3）将直接选择工具放在路径上，光标右下方方块变为黑色时单击鼠标，可以选取当前路径段（图2-183）。按住Shift键单击其他路径段可以添加选择。按住Shift键单击被选中的路径段，则可以取消选择。

（4）使用直接选择工具单击并拖曳路径段，可以移动路径段（图2-184）。按住Alt键拖曳鼠标可以复制路径段所在的图形。

2. 用套索工具选择锚点和路径

当图形较为复杂、需要选择的锚点较多，或者想要选择一个非矩形区域内的多个锚点时，可以使用套索工具进行选择。

3. 在平滑点和角点之间转换

平滑点和角点可以互相转换。如果要转换一个锚点，可以使用锚点工具来操作，它可以精确地改变曲

图2-179　打开素材

图2-180　单击可选择锚点

图2-181　拖出矩形选框

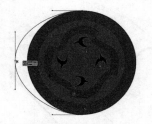

图2-182　拖曳锚点

图2-183　选取当前路径段

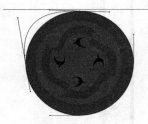

图2-184　移动路径段

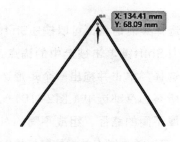

图2-185　实时转角构件

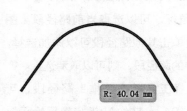

图2-186　转换为圆角

线形状。如果要快速转换多个锚点，可以使用控制面板中的选项来操作。

4．使用实时转角

使用直接选择工具单击位于转角上的锚点时，会显示实时转角构件（图2-185）。将光标放在实时转角构件上，单击并拖曳鼠标，可将转角转换为圆角（图2-186）。

5．添加锚点和删除锚点工具

选择一条路径（图2-187），使用添加锚点工具在路径上单击，可以添加一个锚点（图2-188）。如果该路径是直线路径，添加的锚点是角点；如果是曲线路径，则添加的是平滑点。

使用删除锚点工具在锚点上单击，可以删除该锚点。删除锚点后，路径的形状会发生改变（图2-189、图2-190）。此外，使用直接选择工具选择锚点后，单击控制面板中的删除所选锚点按钮，也可以删除锚点。

五、编辑路径

选择路径后，可以通过相关命令对其进行偏移、平滑和简化等处理，也可以擦除或删除路径。

1．偏移路径

选择一条路径（图2-191），执行"对象→路径→偏移路径"命令，打开"偏移路径"对话框（图2-192）。该命令可基于所选路径复制出一条新的路径。当要创建同心圆图形或制作相互之间保持固定间距的多个对象副本时，偏移对象特别有用。

图2-187　选择路径

图2-188　添加一个锚点

图2-189　单击锚点

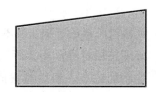
图2-190　删除锚点

图2-191　选择路径

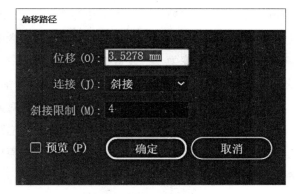
图2-192　"偏移路径"对话框

图2-193　多余路径

图2-194　清理路径

2. 简化路径

绘制图形时，如果锚点过多，不仅会增加文件的大小，也会使曲线变得不够平滑，路径难于编辑。使用"简化"命令可以删除多余的锚点，增强图稿的显示和打印速度。

3. 清理路径

创建路径、编辑对象或输入文字的过程中，如果操作不当，会在画面中留下多余的游离点和路径（图2-193），使用"对象→路径→清理"命令，可以清除游离点、未着色的对象和空的文本路径（图2-194）。

4. 用平滑工具平滑路径

使用平滑工具可以平滑路径的外观，也可以通过删除多余的锚点来简化路径。在操作时，首先选择路径（图2-195），然后选择平滑工具，在路径上单击并反复拖曳鼠标，即可进行平滑处理（图2-196、图2-197）。在处理的过程中，Illustrator会删除部分锚点，并且尽可能地保持路径原有的形状。

图2-195　选择路径

图2-196　拖曳鼠标

图2-197　平滑处理

双击平滑工具，可以打开"平滑工具选项"对话框修改工具的选项（图2-198）。"保真度"用来控制必须将鼠标移动多大距离，Illustrator才会向路径添加新的锚点。滑块越靠向"平滑"一侧，路径越平滑，锚点越少。

5. 用路径橡皮擦工具擦除路径

选择一个图形对象（图2-199），用路径橡皮擦工具在对象上单击并拖曳鼠标，可擦除鼠标经过区域的路径（图2-200）。闭合的路径经过擦除后会变为开放式路径。图形中的路径经过多次擦除后，剩余的部分会变成各自独立的路径。

6. 用剪刀工具剪切路径

剪刀工具可以剪切路径。选择该工具后，在路径上单击即可将其分割，分割处会生成两个重叠的锚点（图2-201）。使用直接选择工具选择并移动分割处的锚点，可以看到分割结果（图2-202）。

六、图像描摹

图像描摹是从位图中变出矢量图的快捷方法。它可以让照片、图片等瞬间变为矢量插画，也可基于一幅位图快速绘制出矢量图。

打开一张照片（图2-203），打开"图像描摹"面板（图2-204）。在进行图像描摹时，描摹的程度和效果都可以在该面板中进行设置。如果要在描摹前设置描摹选项，可以在"图像描摹"面板进行设置，然后单击面板中的"描摹"按钮进行图像描摹。此外，描摹之后，选择对象，还可以在"图像描摹"面板中调整描摹样式、描摹程度和视图效果。

图像描摹对象由原始图像（位图图像）和描摹结果（矢量图稿）两部分组成。在默认状态下，只能看描摹结果（图2-205）。如果要修改显示状态，可以选择描摹对象，在控制面板中单击"视图"选项

图2-198 "平滑工具选项"对话框

图2-199 选择对象

图2-200 擦除路径

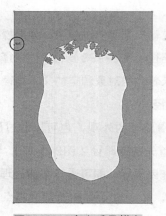

图2-201 产生重叠锚点

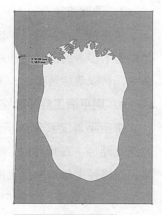

图2-202 移动锚点

图2-206 修改显示状态

图2-205 描摹结果

图2-203 打开照片　　图2-204 "图像描摹"面板　　图2-207 描摹效果　　图2-208 转换为路径

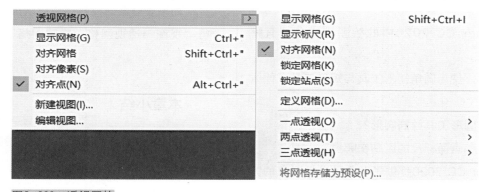

图2-209 透视网格

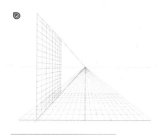

图2-210 一点透视

右侧的按钮，打开下拉列表选择一个显示选项（图2-206）。

对位图进行描摹后（图2-207），保持对象的选取状态，执行"对象→图像描摹→扩展"命令，或单击控制面板中的"扩展"按钮，可以将其转换为路径（图2-208）。如果要在描摹的同时转换为路径，可以执行"对象→图像描摹→建立并扩展"命令。

对位图进行描摹后，如果希望放弃描摹但保留置入的原始图像，可以选择描摹对象，执行"对象→图像描摹→释放"命令。

七、透视图

在Illustrator中，用户可以在透视模式下绘制图稿，通过透视网格的限定，可以在平面上呈现立体场景。例如，可以使道路或铁轨看上去像在视线中相交或消失一般，或者将现有的对象置入透视中，在透视状态下进行变换和复制操作。

在"视图→透视网格"下拉菜单中可以选择启用一种透视网格（图2-209）。Illustrator提供了预设的一点、两点和三点透视网格（图2-210～图2-212）。

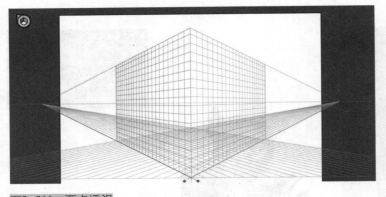

图2-211 两点透视

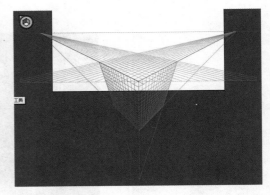

图2-212 三点透视

– 补充要点 –

角点与平滑点的转换方法

如果要将一个或多个角点转换为平滑点，可以选择这些锚点，然后单击控制面板中的"将所选锚点转换为平滑"按钮。如果要将它们转换为角点，可以单击控制面板中的"将所选锚点转换为尖角"按钮。需要注意的是，使用控制面板转换锚点前，应选择相关的锚点，而不要选择整个对象。如果选择了多个对象，则其中的某个对象必须是仅部分被选择的。当选择全部对象时，控制面板选项将影响整个对象。

课后练习

1. Illustrator CC 2020中的绘图模式分别有哪几种？
2. 在绘图时，使用圆角矩形工具与矩形工具有什么不同？
3. 怎样用椭圆形工具绘制圆形？
4. 全局标尺和画面标尺的区别在哪里？
5. Illustrator CC 2020提供了哪几种选择对象的方式？
6. 怎样在移动对象的同时复制对象？
7. 什么是路径？Illustrator CC 2020中有哪些方式可以创建路径？
8. 怎样使用钢笔工具绘制一段转角曲线？
9. 怎样将一个或多个角点转换为平滑点？
10. 运用Illustrator CC 2020中的绘图工具，设计并绘制一个你喜爱的卡通形象的轮廓。
11. 思考代表我国政府形象的图形元素有哪些？

如果要隐藏透视网格，可以执行"视图→透视网格→隐藏网格"命令。

本章小结

在Illustrator中，看似简单的几何图形通过一些操作便可以组合为复杂的图形，因此，不要忽视，也不要小看这些最基本的绘图工具。本章详细讲解了Illustrator CC 2020中，如何运用各种绘图工具绘制各种简单及复杂的图形，以及在绘图过程中，如何利用标尺、参考线和网格等辅助工具来帮助我们更好地完成绘图、测量和编辑的任务。在练习过程中，以我国政府部门徽章为范例，采用严谨的几何绘图方法，强化训练并分析图形之间的位置逻辑关系。

第三章
编辑图形的颜色

.PPT 课件　　案例素材　　教学视频

学习难度：★ ★ ★ ★ ☆
重点概念：填色、编辑、Kuler、渐变、
网格

◄ **章节导读**

　　在Illustrator中，渐变网格是表现真实效果的最佳工具，无论是复杂的人像、汽车、电器，还是简单的水果、杯子、鼠标，使用渐变网格都可以惟妙惟肖地表现出来，其真实效果甚至可以与照片相媲美。渐变网格通过网格点控制颜色的范围和混合位置，具有灵活度高、可控性强等特点。但使用者必须能够熟练编辑锚点和路径。

第一节　认识Illustrator CC 2020的颜色模式与色板

　　Illustrator提供了各种工具、面板和对话框，可以为图稿选择颜色。如何选择颜色取决于图稿的要求，例如，如果要使用公司认可的特定颜色，可以从公司认可的色板库中选择颜色。如果希望颜色与其他图稿中的颜色匹配，则可以使用吸管拾取对象的颜色，或者在"拾色器""颜色"面板中输入准确的颜色值。

一、颜色模型和颜色模式

　　颜色模型用于描述我们在数字图形中看到和用到的各种颜色，每种颜色模型（如RGB、CMYK或HSB）分别表示用于描述颜色及对颜色进行分类的不同方法。在实际操作中，颜色模型用数值来表示可见色谱。例如，Illustrator的"拾色器"中包含了RGB、CMYK和HSB三种颜色模型（图3-1），每种颜色模型都可以通过设置不同的数值来改变颜色（图3-2）。由此可知，处理图形的颜色时，实际是在调整文件中的数值。我们可以将一个数值视为一种颜色，但这些数值本身并不是绝对的颜色，而只是在生成颜色的设备的色彩空间内具备一定的颜色含义。

　　颜色模式决定了用于显示和打印所处理的图稿的颜色方法。颜色模式基于颜色模型，因此，选择某种特定的颜色模式，就等于选用了某种特定的颜色模型。常用的颜色模式有RGB模式、CMYK模式和灰度模式等。

1. RGB模式

　　RGB模式称为加成色，它通过将3种色光（红

图3-1 拾色器

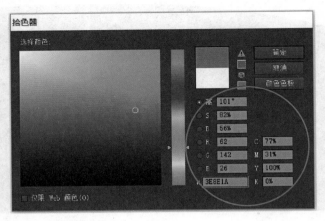

图3-2 改变颜色

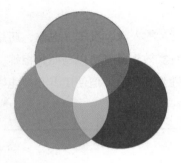

图3-3 RGB加成色

图3-4 舞台灯光混合原理

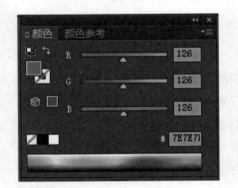

图3-5 灰色

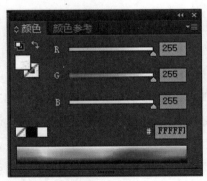

图3-6 纯白色

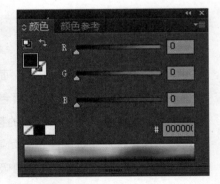

图3-7 纯黑色

色、绿色和蓝色）按照不同的组合添加在一起生成可见色谱中的所有颜色，这些颜色发生重叠，会产生青色、洋红色和黄色（图3-3）。图3-4所示为舞台灯光混合原理。计算机显示器、扫描仪、数码相机、电视、幻灯片、网络和多媒体等都采用这种模式。

使用基于RGB颜色模型的RGB颜色模式可以处理颜色值。在RGB模式下，每种RGB成分都可以使用从0（黑色）到255（白色）的值。当3种成分值相等时，产生灰色（图3-5）。当所有成分值均为255时，结果是纯白色（图3-6）。当所有成分值均为0时，结果是纯黑色（图3-7）。

2. CMYK模式

CMYK模式是一种减色混合模式，它是指本身不能发光，但能吸收一部分光，将余下的光反射出去的色料混合（图3-8）。印刷用油墨、染料和绘画颜料等都属于这种减色混合，为印刷中的分色分版（图3-9）。

在CMYK模式中，C代表青、M代表洋红、Y代表黄、K代表黑色。其中，青色油墨只吸收红光，洋红色油墨只吸收绿光，黄色油墨只吸收蓝光。如果将青色和黄色油墨混合，则光线中的红色相蓝色会被吸收，只有绿色反射出去，我们在纸张上看到的绿色便是这样形成的。由此可知，CMYK模式的原理不是增加光线，而是减去光线。

使用基于CMYK颜色模型的CMYK颜色模式可以处理颜色值。每种油墨可使用从0%至100%的值，低油墨百分比更接近白色（图3-10）；高油墨百分比更接近黑色（图3-11）。我们将这些油墨混合重现颜色的过程称为四色印刷。如果图稿要用于印刷，应使用该模式。

3. HSB模式

HSB模式以人类对颜色的感觉为基础，描述了颜色的3种基本特性：色相、饱和度和明度（图3-12）。色相是反射自物体或投射自物体的颜色，在0°到360°的标准色轮上，按位置度量色相（图3-13）。在通常的使用中，色相由颜色名称标识，如红色、橙色或绿色。

饱和度是指颜色的强度或纯度（有时称为色度）。饱和度表示色相中灰色分量所占的比例，它使用0%（灰色）至100%（完全饱和）的百分比来度量（图3-14、图3-15）。在标准色轮上，饱和度从中心到边缘递增。

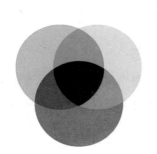

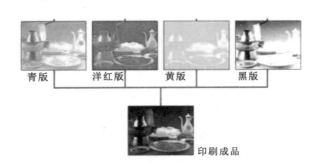

青版　　洋红版　　黄版　　黑版

印刷成品

图3-8　CMYK模式　　　　图3-9　分色分版

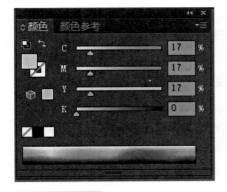

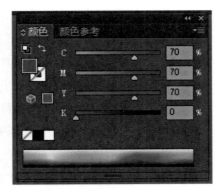

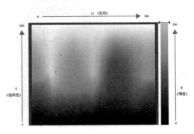

图3-10　低油墨　　　　　　图3-11　高油墨　　　　　　图3-12　色相、饱和度、明度

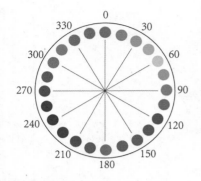

图3-13　度量色相

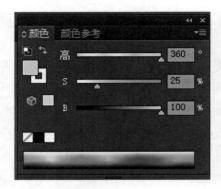

图3-14　饱和度一

图3-15　饱和度二

图3-16　黑色

图3-17　白色

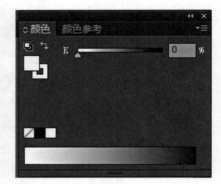

图3-18　灰度模式

　　明度是指颜色的相对明暗程度，通常使用从0%（黑色）至100%（白色）的百分比来度量（图3-16、图3-17）。

　　4. 灰度模式

　　灰度模式使用黑色调表示物体（图3-18）。每个灰度对象都具有从0%（白色）到100%（黑色）的亮度值。灰度模式可以将彩色图稿转换为高质量的黑白图稿（图3-19、图3-20）。将灰度对象转换为RGB模式时，每个对象的颜色值代表对象之前的灰度值。

二、色板

　　"色板"面板中提供了预先设置的颜色、渐变和图案，它们统称为"色板"。单击一个色板，即可将其应用到所选对象的填色或描边中。用户也可以将自己调整颜色、渐变或绘制的图案保存到该面板中。

　　在"色板"面板的选项中选择一个对象时，如果它的填色或描边使用了"色板"面板中的颜色、渐变或图案，则面板中该色板会突出显示。单击列表视图按钮，或选择"色板"面板菜单中的"小列表"或"大列表"命令，会以列表的形式显示"色板"（图3-21）。

图3-19　彩色图稿

图3-20　黑白图稿

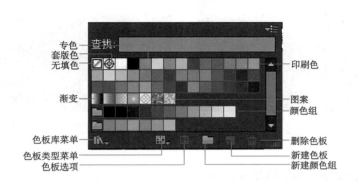

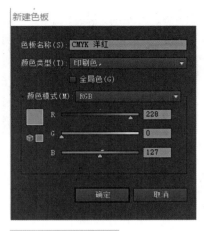

图3-21　显示色板

图3-22　色板对话框

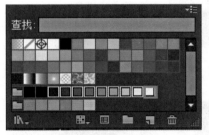

图3-23　选择色板

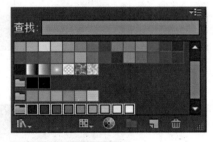

图3-24　创建颜色组

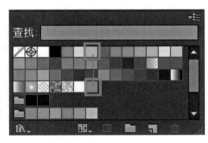

图3-25　拖曳

1．创建色板

如果要新建一个色板，可以单击"色板"面板中的新建色板按钮，打开"色板"选项对话框进行操作（图3-22）。

如果双击"色板"面板中的一个色板，或者选择一个色板后，单击色板选项按钮，也可以打开该对话框，此时可修改所选色板的颜色值、色板名称、颜色类型和颜色模式。

（1）色板名称。可以设置或修改色板的名称。

（2）颜色类型。如果要创建印刷色色板，可以选择"印刷色"选项。如果要创建专色色板，可以选择"专色"选项。

（3）全局色。选择该选项后，可以创建全局印刷色色板。编辑全局色时，图稿中所有使用该颜色的对象都会自动更新。

（4）颜色模式。可以选择在RGB、CMYK、灰度和Lab等模式下调整颜色。

（5）预览。选择该选项后，可以在应用了当前色板的对象上预览颜色的调整结果。

2．色板分组

按住Ctrl键单击各个色板，将它们选择（图3-23），然后单击新建颜色组按钮可以创建颜色组，颜色组可以将所选颜色保留在一起（图3-24）。

3．复制、替换和合并色板

选择一个或多个色板（按住Ctrl键单击可以选择多个色板），将它们拖曳到新建色板按钮上，可以复制所选色板。如果要替换色板，可以按住Alt键将颜色或渐变从"色板"面板、"颜色"面板、"渐变"面板、某个对象或工具面板拖曳到"色板"面板要替换的色板上（图3-25、图3-26）。

如果要合并多个色板，可以选择两个或更多色板（图3-27），然后从"色板"面板菜单中选择"合并色板"命令。第一个选择的色板名称和颜色值将替换所有其他选定的色板（图3-28）。

4．删除色板

将一个或多个色板拖曳到删除色板按钮上可将其

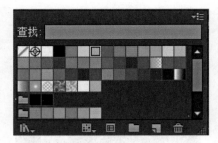

图3-26 替换

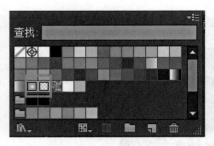

图3-27 选择多个色板

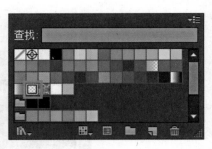

图3-28 合并色板

删除，如果要删除文档中未使用的色板，可以从"色板"面板菜单中选择"选择所有未使用的色板"命令（图3-29），然后单击删除色板按钮（图3-30）。

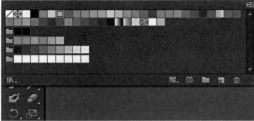

图3-29 选择所有未使用的色板

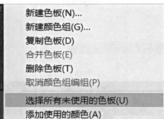

图3-30 单击删除色板按钮

- 补充要点 -

PANTONE配色系统

PANTONE英文全名是Pantone Matching System，简称PMS。其专色系统基于3本颜色样本（PANTONE formula guide solid coated、PANTONE formula guide solid uncoated、PANTONE formula guide solid matte），分别是用粉纸、书纸及亚粉纸，用14种基本油墨合成，配成1114种专色。

第二节　填色与描边

填色是指在路径或矢量图形内部填充颜色、渐变或图案，描边是指将路径设置为可见的轮廓。描边可以具有宽度（粗细）、颜色和虚线样式，也可以使用画笔为描边进行风格化的上色。创建路径或矢量图形后，可以随时添加和修改填色及描边属性。

一、填色和描边基本选项

"颜色""色板"和"渐变"面板等都包含填色和描边设置选项，但最方便使用的还是工具面板和控制面板（图3-31、图3-32）。选择对象后，如果要为它填色或描边，可通过这两个面板快速操作。

二、用工具面板设置填色和描边

（1）按下Ctrl+O快捷键，打开素材（图3-33）。

使用选择工具单击图形，将其选择，它的填色和描边属性会出现在工具面板底部（图3-34）。

（2）如果要为对象填色（或修改填色），可单击填色图标，将其设置为当前编辑状态（图3-35），然后再通过"颜色""色板""颜色参考"和"渐变"等面板设置填色内容（图3-36、图3-37）。

（3）如果要添加（或修改）描边，可单击描边图标，将描边设置为当前编辑状态（图3-38），再通过"颜色""色板""颜色参考""描边"和"画笔"等面板设置描边内容（图3-39、图3-40）。

三、用控制面板设置填色和描边

（1）打开素材，使用选择工具单击图形，将其选择（图3-41）。

（2）如果要填色，可单击工具选项栏中填色选

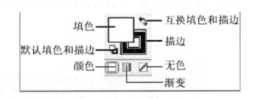

图3-31　工具面板

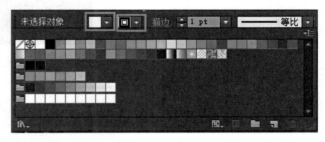

图3-32　控制面板

图3-33　素材

图3-34　工具面板

图3-35　单击填色图标

图3-36　颜色色板

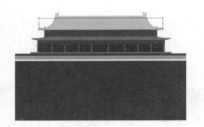

图3-37 效果展示

图3-38 单击描边图标

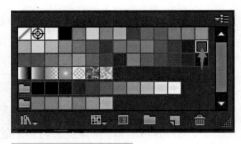

图3-39 设置描边内容

项右侧的按钮，打开下拉面板选择相应的填充内容（图3-42）。

（3）如果要设置描边，可单击描边选项右侧的按钮，打开下拉面板选择描边内容（图3-43）。

图3-40 效果展示

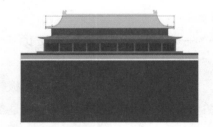

图3-41 素材

四、用吸管工具复制填色和描边属性

（1）打开素材（图3-44），使用直接选择工具选择火车图形（图3-45）。

（2）选择吸管工具，在左边的小树上单击（图3-46），取它的填色和描边属性并应用到所选对象上（图3-47）。

（3）下面来看一下，怎样在未选择对象的情况下复制填色和描边属性。按住Ctrl键在画面外侧单击，取消选择。使用吸管工具在左下角的树干上单击，拾取它的填色和描边属性（图3-48），然后按住Alt键单击图形，可以将拾取的属性应用到该对象中（图3-49）。

图3-42 选择填充内容

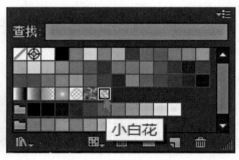

图3-43 选择描边内容

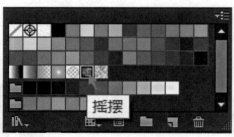

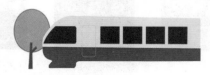

图3-44 素材

图3-45 选择火车图形

图3-46 单击小树

图3-47 应用到所选图形

图3-48 单击树干

图3-49 应用到该对象

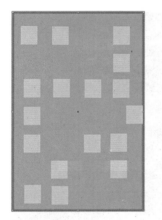

图3-50 选择对象

图3-51 互换
填色描边

图3-52 效果

五、互换填色与描边

选择对象（图3-50），单击工具面板或"颜色"面板中的互换填色和描边按钮，可以互换填色和描边内容（图3-51、图3-52）。

六、使用默认的填色和描边

选择对象（图3-53），单击工具面板底部的默认填色和描边按钮，可以将填色和描边设置为默认的颜色（黑色描边、填充白色）（图3-54、图3-55）。

七、删除填色和描边

打开文件（图3-56），选择图形，将填色或描边设置为当前编辑状态，然后单击工具面板、"颜色"面板或"色板"面板中的"无"按钮，可删除填色或描边属性，下图分别为删除填色和删除描边（图3-57、图3-58）。

图3-53 选择对象

图3-54 设置填色描边

图3-55 效果

图3-56 打开文件

图3-57 删除填色

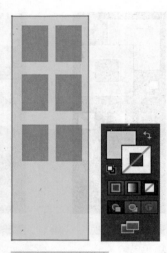
图3-58 删除描边

图3-59 打开描边面板

八、"描边"面板

对图形应用描边后，可以在"描边"面板中设置描边粗细、对齐方式、斜接限制、线条连接和线条端点的样式，还可以将描边设置为虚线，控制虚线的次序。

1."描边"面板基本选项

执行"窗口→描边"命令，打开"描边"面板（图3-59）。

（1）粗细。用来设置描边线条的宽度。该值越高，描边越粗。

（2）端点。可设置开放式路径两个端点的形状（图3-60），按下平头端点按钮，路径会在终端锚点处结束，如果要准确对齐路径，该选项非常有用；按下圆头端点按钮，路径末端呈半圆形圆滑效果；按下方头端点按钮，会向外延长到描边"粗细"值一半的距离结束描边。

（3）边角。用来设置直线路径中边角处的连接方式，包括斜线连接、圆角连接和斜角连接（图3-61）。

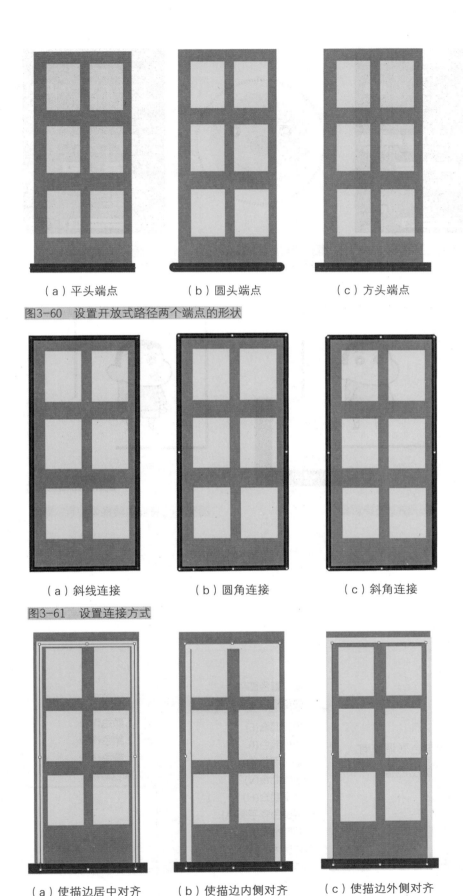

（a）平头端点　　　　　　（b）圆头端点　　　　　　（c）方头端点

图3-60　设置开放式路径两个端点的形状

（a）斜线连接　　　　　　（b）圆角连接　　　　　　（c）斜角连接

图3-61　设置连接方式

（a）使描边居中对齐　　　（b）使描边内侧对齐　　　（c）使描边外侧对齐

图3-62　设置描边和路径对齐的方式

（4）限制。用来设置斜角的大小，范围为1～500。

（5）对齐描边。如果对象是闭合的路径，可按下相应的按钮来设置描边与路径对齐的方式，包括使描边居中对齐、使描边内侧对齐和使描边外侧对齐（图3-62）。

2. 用虚线描边

选择图形（图3-63），勾选"描边"面板中的"虚线"选项，在"虚线"文本框中设置虚线线段的长度，在"间隙"文本框中设置线段的间距，即可用虚线描边路径（图3-64、图3-65）。

3. 为路径端点添加箭头

"描边"面板的"箭头"选项可以为路径的起点和终点添加箭头（图3-66、图3-67）。在"缩放"选项中可以调整箭头的缩放比例。

4. 轮廓化描边

选择添加了描边的对象，执行"对象→路径→轮廓化描边"命令，可以将描边转换为闭合式路径（图3-68、图3-69）。生成的路径会与原填充对象编组，可以使用"编组选择工具"将其选择。

图3-63 选择图形

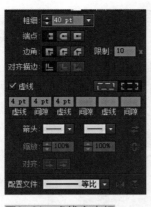

图3-64 虚线文本框

图3-65 用虚线描边路径

图3-66 描边面板

图3-67 添加箭头

图3-68 选择对象

图3-69 将描边转换为闭合式路径

第三节　编辑颜色

"编辑→编辑颜色"下拉菜单中包含与色彩调整有关的各种命令，它们可以编辑矢量图稿或位图图像。

一、使用预设值重新着色

选择对象后，通过"使用预设值重新着色"下拉菜单中的命令可以选择颜色库或一个预设颜色作业为对象重新着色（图3-70）。

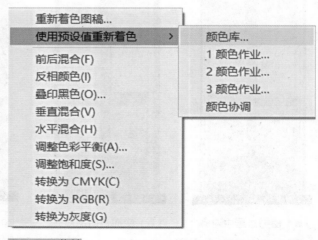

图3-70 菜单

二、混合颜色

选择3个或更多的填色对象后，使用"编辑→编辑颜色"下拉菜单中的"前后混合""垂直混合"和"水平混合"命令可以创建一系列中间色。混合操作不会影响描边。

（1）前后混合。将最前面和最后面对象的颜色混合，为中间对象填色。图3-71、图3-72分别为混合前及混合后的图稿。

（2）垂直混合。将最顶端和最底端对象的颜色混合，为中间对象填色。图3-73、图3-74分别为混合前及混合后的图稿。

（3）水平混合。将最左侧和最右侧对象的颜色混合，为中间对象填色。图3-75、图3-76分别为混合前及混合后的图稿。

三、反相颜色

选择对象（图3-77），执行"编辑→编辑颜色→反相颜色"命令，可以将颜色的每种成分调整为颜色标度上的相反值，进而生成照片负片效果（图3-78）。反相后，再次执行该命令，可以将对象恢复为原来的颜色。

四、叠印黑色

在默认情况下，打印不透明的重叠色时，上方颜色会挖空下方的区域。叠印可用来防止挖空，并使最顶层的叠印油墨相对于底层油墨显得透明。如果

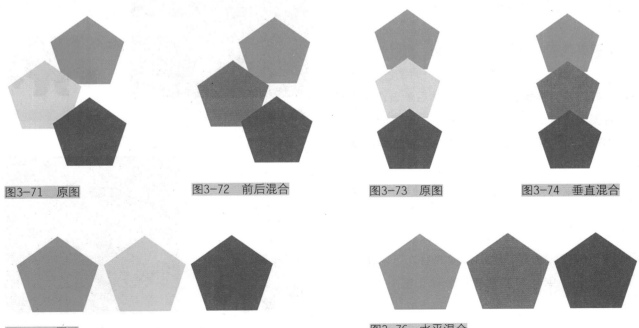

图3-71　原图　　　　　图3-72　前后混合　　　　　图3-73　原图　　　　　图3-74　垂直混合

图3-75　原图　　　　　图3-76　水平混合

图3-77 选择对象

图3-78 效果展示

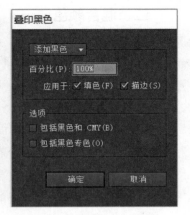

图3-79 应用填色或者描边

要叠印图稿中的所有黑色，可以选择要叠印的所有对象，然后执行"编辑→编辑颜色→叠印黑色"命令，在打开的对话框中输入要叠印的黑色百分数，并勾选将叠印应用于"填色"或"描边"（图3-79）。

如果要叠印包含青色、洋红色或黄色以及指定百分比黑色的印刷色，可以选择"包括黑色和CMY"。如果要叠印其等价印刷色中包含指定百分比黑色的专色，可以选择"包括黑色专色"。如果要叠印包含印刷色以及指定百分比黑色的专色，应同时选择这两个选项。

图3-80 选择对象

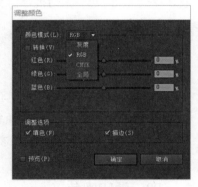

图3-81 选择颜色模式

五、调整色彩平衡

如果要调整对象颜色的色彩平衡，可以选择对象（图3-80），执行"编辑→编辑颜色→调整色彩平衡"命令，打开"调整颜色"对话框，然后单击"颜色模式"右侧的按钮，在打开的下拉列表中选择颜色模式（图3-81）。选择不同的颜色模式，可设置的选项也不同。

（1）灰度。如果想要将选择的颜色转换为灰度，可以选择"灰度"模式，然后勾选"转换"选项，再使用滑块调整黑色的百分比（图3-82、图3-83）。

（2）RGB。选择"RGB"模式后，可以使用滑块调整红色、绿色和蓝色的百分比（图3-84、图3-85）。

图3-82 选择灰度模式

图3-83 灰度模式

图3-84 RGB模式

图3-85 调整各色值百分比

（3）CMYK。选择"CMYK"模式后，可以使用滑块调整青色、洋红色、黄色和黑色的百分比。

（4）全局。选择"全局"选项后，可以调整全局印刷色和专色，不会影响非全局印刷色。

（5）填色/描边。如果当前选择的是矢量对象，选择"填色"选项后，可以调整它的填充颜色；选择"描边"选项，则可以调整描边颜色。

图3-86　选择对象

图3-88　效果展示

图3-87　调整饱和度

六、调整饱和度

选择对象（图3-86），执行"编辑→编辑颜色→调整饱和度"命令，输入-100%～100%之间的值，可以调整颜色或专色的色调，进而影响颜色的饱和度（图3-87、图3-88）。

图3-89　选择对象

七、将颜色转换为灰度

选择对象（图3-89），执行"编辑→编辑颜色→转换为灰度"命令，可以将颜色转换为灰度（图3-90）。

图3-90　转换为灰度

八、转换为CMYK或RGB

选择灰度对象，执行"编辑→编辑颜色→转换为CMYK"或"转换为RGB"（取决于文档的颜色模式）命令，可以将灰度对象转换为彩色模式。

－ 补充要点 －

全局印刷色或专色转换为非全局印刷色

如果要选择全局印刷色或专色，并希望转换为非全局印刷色，可在该选项的下拉列表中选择"CMYK"或"RGB"（具体选项取决于文档的颜色模式），选择"转换"选项之后再使用滑块调整颜色。

第四节　重新着色图稿

为图稿上色后，可以通过"重新着色图稿"命令创建和编辑颜色组，以及重新指定或减少图稿中的颜色。

一、打开"重新着色图稿"对话框

"重新着色图稿"对话框有几种打开方法，如果要编辑一个对象的颜色，可将其选取，执行"编辑→编辑颜色→重新着色图稿"命令打开该对话框；如果选择的对象包含两种或更多颜色，可单击控制面板中的按钮，打开该对话框；如果要编辑"颜色参考"面板中的颜色或将"颜色参考"面板中的颜色应用于当前选择的对象，可单击"颜色参考"面板中的按钮，打开该对话框；如果要编辑"色板"面板中的颜色组，可以选择该颜色组，然后单击按钮，打开"重新着色图稿"对话框。

二、"编辑"选项卡

"重新着色图稿"对话框中包含"编辑""指定"和"颜色组"3个选项卡。其中，"编辑"选项卡可以创建新的颜色组或编辑现有的颜色组，或者使用颜色协调规则菜单和色轮对颜色协调进行试验（图3-91）。色轮可以显示颜色在颜色协调中是如何关联的，同时还可以通过颜色条查看和处理各个颜色值。

1. 协调规则

单击下拉按钮，可以打开下拉列表选择一个颜色协调规则，基于当前选择的颜色自动生成一个颜色方案。该选项与"颜色参考"面板的用途相同。

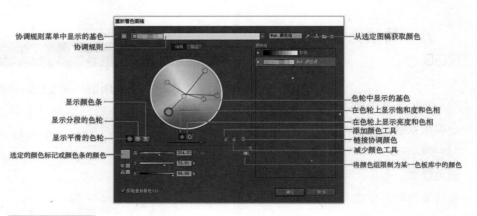

图3-91　对话框

2. 修改基色

选择对象后，单击从所选图稿获取颜色按钮，可以将所选对象的颜色设置为基色。如果要修改基色的色相，可围绕色轮移动标记或调整"H"值（图3-92）；如果要修改颜色的饱和度，可以在色轮上将标记向里和向外移动或调整"S"值（图3-93）；如果要修改颜色的明度，可调整"B"值（图3-94）。

3. 显示平滑的色轮

在平滑的圆形中显示色相、饱和度和亮度（图3-95）。

4. 显示分段的色轮

将颜色显示为一组分段的颜色片（图3-96）。在

该色轮中可以轻松查看单个颜色，但是它所提供的可选颜色没有连续色轮中提供的多。

5. 显示颜色条

仅显示颜色组中的颜色，并且这些颜色显示为可以单独选择和编辑的实色颜色条（图3-97）。

6. 添加颜色工具/减少颜色工具

当显示为平滑的色轮和分段的色轮时，如果要向颜色组中添加颜色，可单击增加按钮（图3-98），然后在色轮上单击要添加的颜色（图3-99）。如果要删除颜色组中的颜色，可单击删除按钮，然后单击要删除的颜色标记（图3-100、图3-101）。基色标记不能删除。

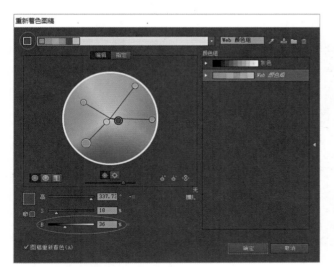

图3-92 调整"H"值

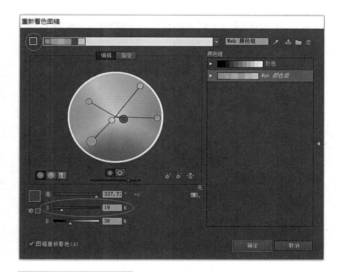

图3-93 调整"S"值

图3-94 调整"B"值

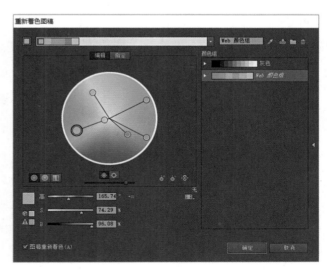

图3-95 显示色相饱和度和亮度

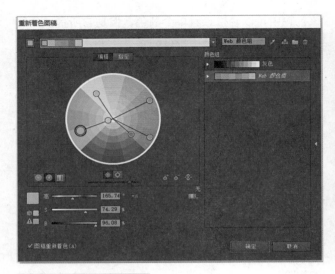

图3-96　显示分段的色轮

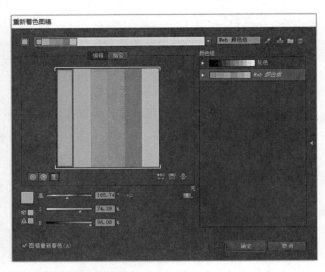

图3-97　显示颜色条

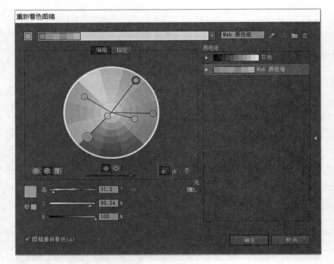

图3-98　单击增加按钮

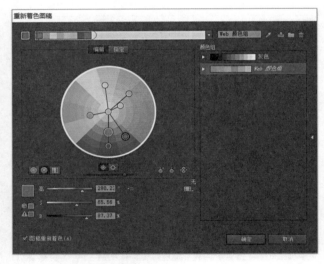

图3-99　单击要添加的颜色

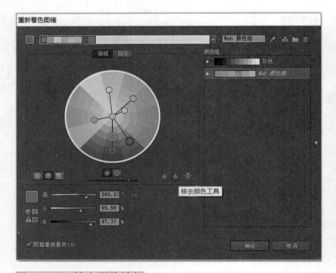

图3-100　单击删除按钮

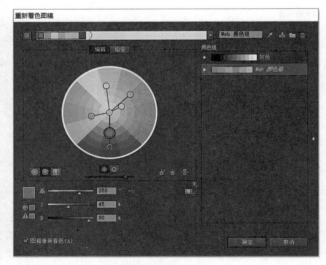

图3-101　单击要删除的颜色标记

7. 在色轮上显示饱和度和色相

单击该按钮，可以在色轮上查看饱和度和色相（图3-102）。

8. 在色轮上显示亮度和色相

单击该按钮，可以在色轮上查看亮度和色相（图3-103）。

9. 链接协调颜色

在处理色轮中的颜色时，选定的颜色协调规则会继续控制为该组生成的颜色。如果要解除颜色协调规则并自由编辑颜色，可单击该按钮。

10. 将颜色组限制为某一色板库中的颜色

如果要将颜色限定于某一色板库，可单击该按钮，并从列表中选择该色板库。

11. 图稿重新着色

勾选该项后，可以在画面中预览对象的颜色效果。

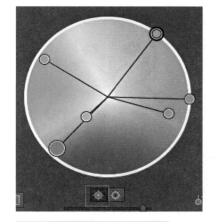

图3-102　查看饱和度和色相

三、"指定"选项卡

打开一个文件（图3-104），选择对象后打开"重新着色图稿"对话框，单击"指定"选项卡，可以显示所示的选项（图3-105）。在该选项卡中可以指定用哪些新颜色来替换当前颜色，是否保留专色以及如何替换颜色，还可以控制如何使用当前颜色组对图稿重新着色或减少当前图稿中的颜色数目。

1. 预设

在该选项的下拉列表中可以选择一个预设的颜色作业。

2. 颜色数

"当前颜色"选项右侧的数字代表了文档中正在使用的颜色的数量。打开"颜色数"下拉列表可以修改颜色的数量。

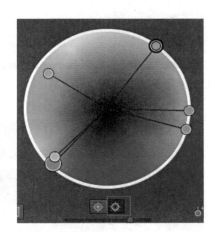

图3-103　查看亮度和色相

3. 将颜色合并到一行中

按住Shift键单击两个或多个颜色，将它们选择（图3-106），然后单击合并按钮，可以将所选颜色合并到一行中（图3-107）。

4. 将颜色分离到不同的行中

当多种颜色位于一行时，如果想要将各个颜色分离到单独的行中，可以按住Shift键单击它们（图3-108），再单击分离按钮（图3-109）。

5. 排除选定的颜色以便不会将它们重新着色

如果想要保留某种颜色，而不希望它被修改，可以选择这一颜色（图3-110），然后单击排除按钮，"当前"颜色列中便不会出现该颜色（图3-111）。

6. 从"当前颜色"列中排除颜色

在"当前颜色"列右侧，每个颜色都包含一个箭头，单击一个颜色的箭头后，该颜色仍会保留在"当前颜色"列中，但修改颜色时它不会受到影响。

图3-104　打开文件

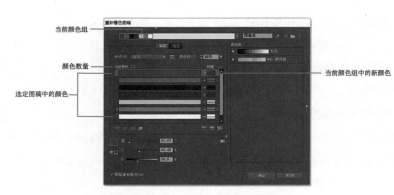

图3-105　"重新着色图稿"对话框

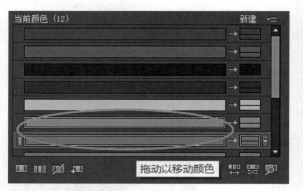

图3-106　选择颜色

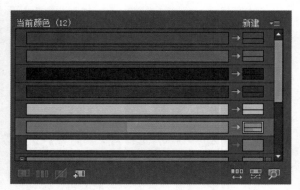

图3-107　合并颜色

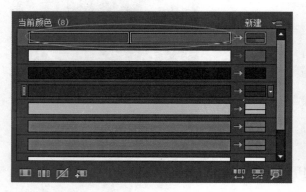

图3-108　单击颜色

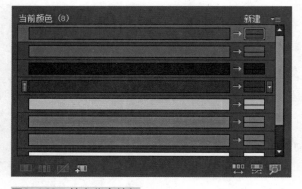

图3-109　单击分离按钮

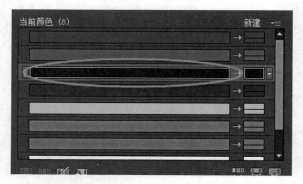

图3-110　选择颜色

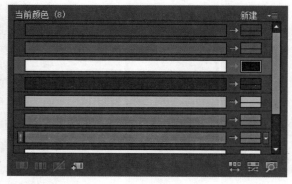

图3-111　效果展示

7. 新建行

单击该按钮，可以向"当前颜色"列添加一行。

8. 随机更改颜色顺序

单击该按钮，可随机更改当前颜色组的顺序（图3-112、图3-113）。

9. 随机更改饱和度和亮度

单击该按钮，可以在保留色相的同时随机更改当前颜色组的亮度和饱和度（图3-114）。

10. 单击上面的颜色以在图稿中查找它们

如果要在指定新颜色时查看原始颜色在图稿中的显示位置，可以单击该按钮，然后单击"当前颜色"列中的颜色，使用该颜色的图稿会以全色的形式显示在画面中（图3-115）。

11. 指定不同的颜色

如果要将当前颜色指定为不同的颜色，可以在"当前颜色"列中将其向上或向下拖曳至靠近所需的新颜色（图3-116、图3-117）；如果一个行包含多种颜色，要移动这些颜色，可单击该行左侧的选择器条，并将其向上或向下拖曳（图3-118、图3-119）；如果要为当前颜色的其他行指定新颜色，可以在"新建"列中将新颜色向上或向下拖曳。

图3-112　单击更改颜色顺序按钮

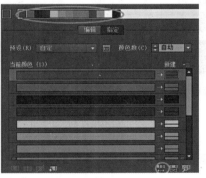

图3-113　效果展示

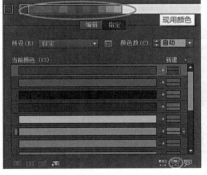

图3-114　更改饱和度和亮度

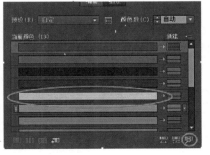

图3-115　效果展示

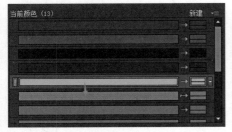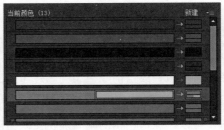

图3-116　向下拖曳　　　　　　　　　　　图3-117　效果展示

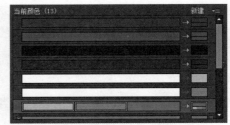

图3-118　向下拖曳　　　　　　　　　　　图3-119　效果展示

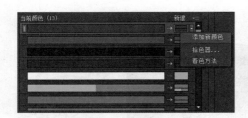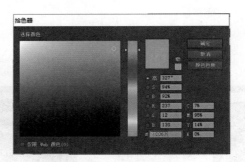

图3-120　选择拾色器命令　　　　　图3-121　修改颜色　　　　　　　　图3-122　效果展示

12. 在"新建"列修改颜色

在"新建"列的一个颜色上单击右键，打开下拉菜单，选择"拾色器"命令（图3-120），可以打开"拾色器"修改颜色（图3-121、图3-122）。

四、"颜色组"选项卡

"颜色组"选项卡为打开的文档列出了所有存储的颜色组（图3-123），它们也会在"色板"面板中显示（图3-124）。使用"颜色组"选项卡可以编辑、删除和创建新的颜色组。所做的修改都会反映在"色板"面板中。

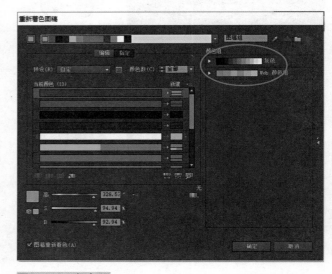

图3-123　颜色组

1. 将更改保存到颜色组

如果要编辑颜色组，可以在列表中单击它（图3-125），再切换到"编辑"选项卡中对颜色组做出修改（图3-126）。

2. 新建颜色组

如果要将新颜色组添加到"颜色组"列表，可创建或编辑颜色组，然后在"协调规则"菜单右侧的"名称"框中输入一个名称。

3. 删除颜色组

选择颜色组后，单击删除按钮可将其删除。

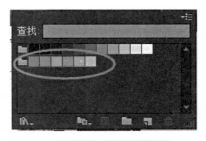

图3-124 "色板"面板的显示

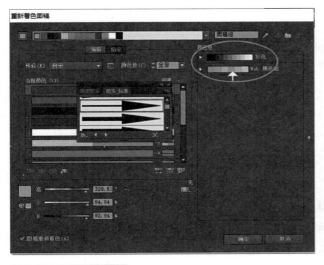

图3-125 单击颜色组

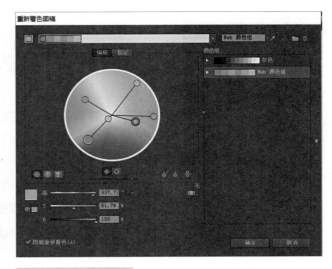

图3-126 修改颜色组

第五节 实时上色

实时上色是一种为图形上色的特殊方法。它的基本原理是通过路径将图稿分割成多个区域，每一个区域都可以上色，每个路径段都可以描边。上色和描边过程就犹如在涂色簿上填色，或是用水彩为铅笔素描上色。

一、创建实时上色组

选择多个图形，执行"对象→实时上色→建立"命令，即可创建实时上色组，所选对象会编为一组。在实时上色组中，可以上色的部分分为边缘和表面。

边缘是一条路径与其他路径交叉后处于交点之间的路径，表面是一条边缘或多条边缘所围成的区域。边缘可以描边，表面可以填色。

建立了实时上色组后，每条路径都可以编辑，并且移动或改变路径的形状时，Illustrator会自动将颜色应用于由编辑后的路径所形成的新区域。

二、为表面上色

（1）按下Ctrl+O快捷键，打开素材（图3-127）。使用选择工具按住Shift键单击图形，将它们选取

图3-127　打开素材

图3-128　选取对象

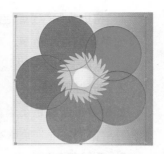
图3-129　创建实时上色组

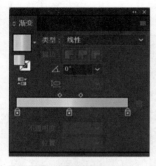
图3-130　设置渐变颜色

（图3-128）。

（2）执行"对象→实时上色→建立"命令，创建实时上色组（图3-129）。执行"选择→取消选择"命令，取消选择。在"渐变"面板中设置渐变颜色（图3-130）。

（3）选择实时上色工具，将光标放在对象上，检测到表面时会显示红色的边框，同时，工具上方还会出现当前设定的颜色及其在"色板"面板中的相邻颜色（按下"←"键和"→"键可切换到相邻颜色），单击鼠标可填充当前颜色（图3-131），在另一个花瓣上单击，填充相同颜色的渐变（图3-132）。

（4）对单个图形表面进行着色时不必选择对象。如果要同时对多个表面着色，可以使用实时上色，选择工具按住Shift键单击这些表面，将它们选择（图3-133），再单击鼠标进行填色（图3-134）。

（5）"色板"面板中提供了预设的渐变颜色，为图形填充这些渐变色（图3-135、图3-136）。

图3-131　填充当前颜色

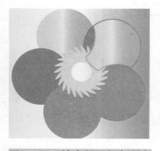
图3-132　填充相同颜色渐变

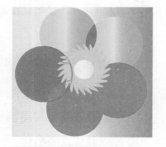
图3-133　选择多个表面

图3-134　单击鼠标填色

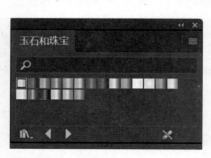
图3-135　"色板"面板

图3-136 填充渐变色

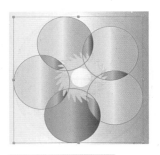
图3-137 选择对象

图3-138 设置混合模式为叠加

图3-139 效果展示

（6）用选择工具单击实时上色组（图3-137），在"透明度"面板中设置"混合模式"为"叠加"（图3-138、图3-139）。

三、为边缘上色

（1）按下Ctrl+N快捷键，新建一个文档。使用椭圆工具按住Shift键创建一个圆形（图3-140）。用选择工具按住Alt+Shift键拖曳图形进行复制（图3-141）。

（2）在这两个圆形外侧创建一个大圆（图3-142）。按下Ctrl+A快捷键全选，执行"对象→实时上色→建立"命令，创建实时上色组。在"颜色"面板中设置颜色（图3-143）。

（3）使用实时上色工具在图形上单击，进行填色（图3-144）。在"颜色"面板中调整颜色为紫色，为图形填色（图3-145）。

（4）使用实时上色选择工具单击边缘，将其选择（图3-146），然后单击"色板"或"颜色"面板中的删除按钮，删除描边颜色（图3-147、图3-148）。选择另一处描边，删除颜色（图3-149）。

（5）使用实时上色选择工具，按住Shift键单击其他边缘，将它们同时选取（图3-150），然后设置描边颜色（图3-151）。

四、实时上色工具选项

双击实时上色工具和双击实时上色选择工具，都可以打开相应的工具选项对话框（图3-152、

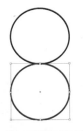
图3-140 创建圆形

图3-141 复制图形

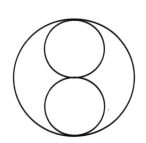
图3-142 创建大圆

图3-143 设置颜色

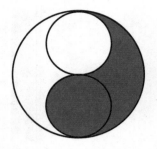

图3-144 单击图形填色

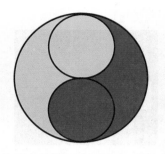

图3-145 图形填色

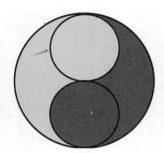

图3-146 选择图形

图3-147 删除描边颜色

图3-148 效果展示

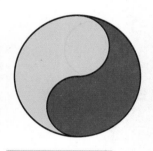

图3-149 删除颜色

图3-150 同时选取边缘

图3-151 设置描边颜色

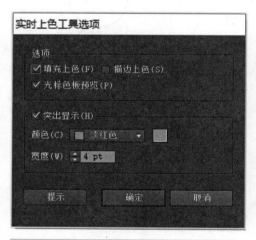

图3-152 打开"实时上色工具"对话框一

图3-153 打开"实时上色选择"
对话框二

图3-153）。在对话框中可以设置这两个工具的工作方式，以及当工具移动到对象表面和边缘上时，光标如何突出显示。

（1）填充上色。对实时上色组的表面上色。

（2）描边上色。对实时上色组的边缘上色。

（3）光标色板预览。选择该选项后，实时上色工具的光标会显示三种颜色的色板（图3-154），其中，位于中间的是当前选择的颜色，两侧的是"色板"面板中紧靠该颜色左侧和右侧的两种颜色（图3-155）。按下"←"键或"→"键，可以切换到相邻的颜色（图3-156）。

（4）突出显示。选择该选项后，当光标在实时上色组表面或边缘的轮廓上时，将用粗线突出显示表面（图3-157）；用细线突出显示边缘（图3-158）。

（5）颜色。用来设置突出显示的线的颜色。默认为红色。

（6）宽度。用来指定突出显示的轮廓线的粗细。

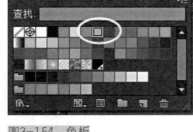

图3-154　色板

 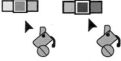

图3-155　三种
颜色色板

图3-156　切换相邻颜色

五、释放实时上色组

选择实时上色组（图3-159），执行"对象→实时上色→释放"命令，可以释放实时上色组，对象会变为0.5pt黑色描边、无填色的普通路径（图3-160）。

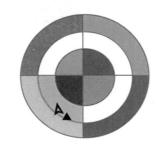

图3-157　用粗线突出显示表面

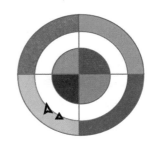

图3-158　用细线突出显示边缘

六、扩展实时上色组

选择实时上色组（图3-161），执行"对象→实时上色→扩展"命令，可以将其扩展为由多个图形组成的对象。用编组选择工具可以选择其中的路径进行编辑，下图为删除部分路径后的效果（图3-162）。

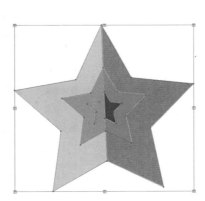

图3-159　选择实时上色组

图3-160　普通路径

图3-161　选择实时上色组

图3-162　编辑路径

第六节　渐变与渐变网格

渐变可以在对象中创建平滑的颜色过渡效果。Illustrator提供了大量预设的渐变库，还允许用户将自定义的渐变存储为色板，以便应用于其他对象。

图3-163　填充黑白线性渐变

一、"渐变"面板

选择一个图形对象，单击工具面板底部的渐变按钮，即可为它填充默认的黑白线性渐变（图3-163），并弹出"渐变"面板（图3-164）。

1. 渐变填色框

显示了当前渐变的颜色。单击它可以用渐变填充当前选择的对象。

2. 渐变菜单

单击下拉按钮，可在打开的下拉菜单中选择一个预设的渐变。

3. 类型

在该选项的下拉列表中可以选择渐变类型，包括线性渐变（图3-165），径向渐变（图3-166）。

4. 反向渐变

单击该按钮，可以反转渐变颜色的填充顺序（图3-167）。

5. 描边

使用渐变色对路径进行描边，按下不同按钮，可以分别进行：在描边中应用渐变（图3-168）、沿描

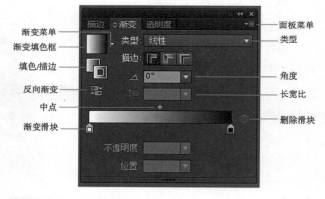

图3-164　"渐变"面板

图3-165　线性渐变

图3-166　径向渐变

图3-167　反向渐变

图3-168　在描边中应用渐变　　　图3-169　沿描边应用渐变　　　图3-170　跨描边应用渐变

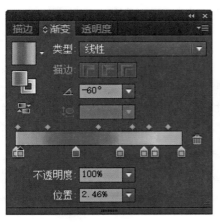

图3-171　设置线性渐变的角度

图3-172　创建椭圆渐变

边应用渐变（图3-169）、跨描边应用渐变的操作（图3-170）。

6. 角度

用来设置线性渐变的角度（图3-171）。

7. 长宽比

填充径向渐变时，可在该选项中输入数值创建椭圆渐变
（图3-172），也可以修改椭圆渐变的角度来使其倾斜。

8. 中点/渐变滑块/删除滑块

渐变滑块用来设置渐变颜色和颜色的位置，中点用来定义两个滑块中颜色的混合位置。如果要删除滑块，可单击它，再选择"删除"按钮。

9. 不透明度

单击一个渐变滑块，调整不透明度值，可以使颜色呈现透明效果。

10. 位置

选择中点或渐变滑块后，可以在该文本框中输入0到100之间的数值来定位其位置。

二、将渐变扩展为图形

选择渐变对象（图3-173），执行"对象→扩展"命令，打开"扩展"对话框，选择"填充"选项，在"指定"文本框中输入数值，即可将渐变填充扩展为指定数量的图形（图3-174、图3-175）。这些图形会编为一组，并通过剪切蒙版控制显示区域（图3-176）。

三、渐变网格与渐变的区别

渐变网格由网格点、网格线和网格片面构成（图3-177）。由于网格点、网格片面都可以着色，并且颜色之间会平滑过渡，因此，可以制作出写实效果的作品。

渐变网格与渐变填充的工作原理基本相同，它们都能在对象内部创建各种颜色之间平滑过渡的效果。二者的区别在于，渐变填充可以应用于一个或者多个对象，但渐变的方向只能是单一的，不能分别调整（图3-178、图3-179）；而渐变网格只能应用于一个图形，但却可以在图形内产生多个渐变，并且渐变也可以沿不同的方向分布（图3-180）。

四、用命令创建渐变网格

如果要按照指定数量的网格线创建渐变网格，可以选择图形（图3-181），执行"对象→创建渐变网格"命令，打开"创建渐变网格"对话框进行设置（图3-182）。使用该命令还可以将无描边、无填色的图形转换为渐变网格对象。

1. 行数/列数

用来设置水平和垂直网格线的数量，范围为1~50。

2. 外观

用来设置高光的位置和创建方式。选择"平淡色"，不会创建高光（图3-183）；选择"至中心"，可以在对象中心创建高光（图3-184）；选择"至边缘"，可以在对象的边缘创建高光（图3-185）。

图3-173　选择对象

图3-174　输入数值

图3-175　扩展为指定数量的图形

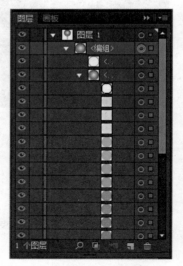

图3-176　通过剪切蒙版控制显示区域

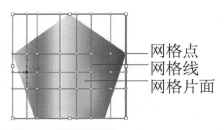

网格点
网格线
网格片面

图3-177　渐变网格

图3-178　线性渐变

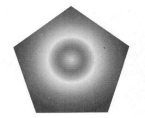

图3-179　径向渐变

图3-180　渐变网格

图3-181　选择图形

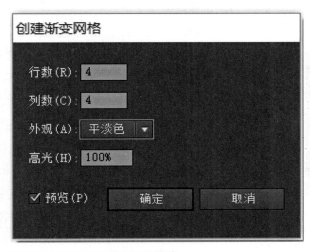

图3-182　创建渐变网格对话框

图3-183　选择平淡色

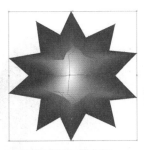

图3-184　创建高光

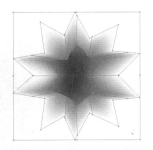

图3-185　在边缘创建高光

3. 高光

用来设置高光的强度。该值为0%时，不会应用白色高光。

五、将渐变图形转换为渐变网格

使用渐变颜色填充的图形可以转换为渐变网格对象。但如果直接使用网格工具单击渐变图形，则会丢失渐变颜色（图3-186、图3-187）。如果要保留渐变，可以选择对象，执行"对象→扩展"命令，在打开的对话框中选择"填充"和"渐变网格"两个选项即可（图3-188）。扩展以后，再使用网格工

图3-186 直接单击渐变图形

图3-187 丢失渐变颜色

图3-188 选择填充和渐变网格

图3-189 效果展示

具在图形上单击，渐变颜色不会有任何改变（图3-189）。

六、编辑网格点

渐变网格对象的网格点与锚点的属性基本相同，只是增加了接受颜色的功能。网格点可添加、可删除，也可以像锚点一样移动。调整网格点上的方向线，可以对颜色的变化范围进行精确控制。

1. 选择网格点

选择网格工具，将光标放在网格点上，单击即可选择网格点，选中的网格点为实心方块，未选中的为空心方块（图3-190）。使用直接选择工具在网格点上单击，也可以选择网格点，按住Shift键单击其他网格点，可选择多个网格点（图3-191）。如果单击并拖出一个矩形框，则可以选择矩形框范围内的所有网格点（图3-192）。此外，使用套索工具可以在网格对象上绘制不规则的选区，并选择网格点（图3-193）。

2. 移动网格点和网格片面

选择网格点后，按住鼠标左键拖曳即可进行移动（图3-194）。如果按住Shift键拖曳，则可将移动范围限制在网格线上（图3-195）。采用这种方法沿一条弯曲的网格线移动网格点时，不会扭曲网格线。使用直接选择工具在网格片面上单击并拖曳鼠标，可以移动网格片面（图3-196）。

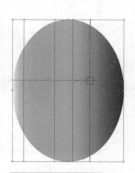

图3-190 未选中

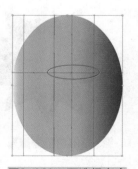

图3-191 可选择多个网格点

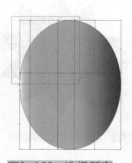

图3-192 选择所有网格点

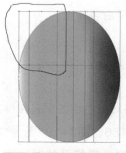

图3-193 用套索工具选择

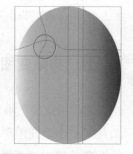

图3-194 移动网格点

图3-195 限制移动范围

3. 调整方向线

网格点的方向线与锚点的方向线完全相同，使用网格工具和直接选择工具都可以移动方向线，调整方向线可以改变网格线的形状（图3-197）。如果按住Shift键拖曳方向线，则可同时移动该网格点上的所有方向线（图3-198）。

4. 添加与删除网格点

使用网格工具在网格线或网格片面上单击，都可以添加网格点（图3-199）。如果按住Alt键（图3-200），单击网格点可将其删除，由该点连接的网格线也会同时删除（图3-201）。

七、从网格对象中提取路径

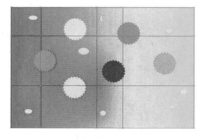

将图形转换为渐变网格对象后，它将不再具有路径的某些属性，例如，不能创建混合、剪切蒙版和复合路径等。如果要保留以上属性，可以采用从网格中提取对象原始路径的方法来操作。

选择网格对象（图3-202），执行"对象→路径→偏移路径"命令，打开"偏移路径"对话框，将"位移"值设置为"0"（图3-203），然后单击"确定"按钮，即可得到与网格图形相同的路径。新路径与网格对象重叠在一起，使用选择工具将网格对象移开，便能看到它（图3-204）。

图3-202 选择网格对象

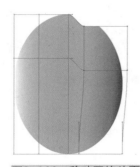

图3-196 移动网格片面

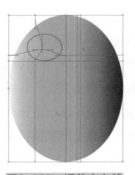

图3-197 调整方向线

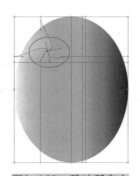

图3-198 移动所有方向线

图3-203 将位移值设置为"0"

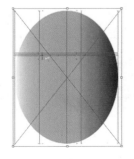

图3-199 添加网格点

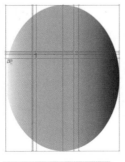

图3-200 按住Alt键

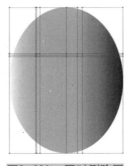

图3-201 同时删除网格线

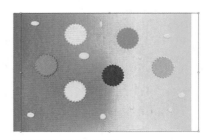

图3-204 效果展示

- 补充要点 -

网格点

网格点是网格线相交处的特殊锚点。网格点以菱形显示，它具有锚点的所有属性，而且可以接受颜色。网格中也可以出现锚点（区别在于其形状为正方形而非菱形），但锚点不能着色，它只能起到编辑网格线形状的作用，并且添加锚点时不会生成网格线，删除锚点时也不会删除网格线。

本章小结

本章是进阶Illustrator色彩高手的必经阶段。首先介绍了Illustrator的颜色模式与色板，接着讲解了图形的填色与描边等基本上色方法。在掌握了基本的颜色编辑后，进一步讲解了Illustrator的高级上色工具，介绍了"kuler"面板，并详细解读了全局色、实时上色、渐变和渐变网格功能。

课后练习

1. RGB模式和CMYK模式有什么不同？分别适用于哪些领域？
2. 怎样用工具面板设置填色和描边？
3. 怎样在Kuler网站上创建自定义的颜色主题？
4. "重新着色图稿"对话框分别有哪几种打开方式？
5. "颜色组"选项卡的作用有哪些？
6. 实色上色的原理是什么？怎样创建实时上色组？
7. 渐变网格与渐变的区别是什么？
8. 怎样从网格对象中提取路径？
9. 在Illustrator工作界面中绘制一个你喜爱的卡通形象，使用渐变网格对其进行填色。
10. 运用绘图工具及填色工具设计3种适用于基层党员群众服务中心事务管理APP的UI图标。

第四章
改变对象的形状

PPT 课件

案例素材

教学视频

学习难度：★ ★ ★ ☆ ☆
重点概念：变换、扭曲、封套、分割

◄ 章节导读

　　Illustrator是矢量软件，绘图是它最基本的功能。我们通过绘图工具，不仅可以绘制出矩形、椭圆和星形等简单的图形，还可以绘制出复杂图形和曲线。对于绘制好的图形，还能对其进行各种变换和编辑，用来满足各种设计需求。

第一节　变换对象

　　在Illustrator中，变换操作包括对对象进行移动、旋转、镜像、缩放和倾斜等。通过"变换"面板、"对象→变换"命令以及使用专用的工具都可以进行变换操作。

一、定界框、中心点和控制点

　　使用选择工具单击对象时，其周围会出现一个定界框，定界框四周的小方块是控制点（图4-1）。如果这是一个单独的图形，则其中心还会出现中心点。

　　使用旋转工具、镜像工具、比例缩放工具和倾斜工具时，中心点上方会出现一个参考点，此时进行变换操作，对象会以参考点为基准产生变换。

　　在Illustrator中，定界框可以是红色、黄色和蓝色等不同颜色，这取决于图形所在图层是什么样的颜色。因此，修改图层的颜色时，定界框的颜色也会随之改变。

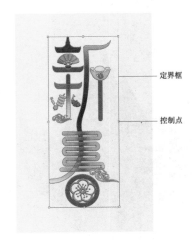

图4-1　选择对象

- 补充要点 -

隐藏定界框

如果要隐藏定界框，可以执行"视图→隐藏定界框"命令。当定界框被隐藏时，被选择的对象不能直接进行旋转和缩放等变换操作。如果要重新显示定界框，可以执行"视图→显示定界框"命令。

二、变换方式

1. 使用选择工具进行变换操作

使用选择工具选择对象后，只需拖曳定界框上的控制点便可以进行移动、旋转、缩放和复制对象的操作。

（1）打开素材。使用选择工具单击对象（图4-2），将光标放在定界框内，单击并拖曳鼠标可以移动对象（图4-3）。如果按住Shift键拖曳鼠标，则可以按照水平、垂直或对角线方向移动。在移动时按住Alt键，可以复制对象。

（2）按下Ctrl+Z快捷键撤销移动操作。将光标放在定界框中央的控制点上（图4-4），单击并向图形另一侧拖曳鼠标可以翻转对象（图4-5）。拖曳时按住Alt键，可原位翻转（图4-6）。

（3）按下Ctrl+Z快捷键撤销操作。将光标放在控制点上，当光标变为双箭头方向形状时，单击并拖曳鼠标可以拉伸对象（图4-7）。按住Shift键操作，可

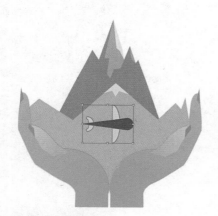

图4-2 选择对象

图4-3 移动对象

图4-4 光标放置在中央控制点

图4-5 翻转对象

图4-6 原位翻转

图4-7 拉伸对象

以进行等比缩放（图4-8）。

（4）将光标放在定界框外，当光标变为旋转状时，单击并拖曳鼠标可以旋转对象（图4-9）。按住Shift键操作，可以将旋转角度限制为45°的倍数。

2. 使用自由变换工具

使用自由变换工具进行移动、旋转和缩放时，操作方法与通过定界框操作基本相同。该工具的特别之处是可以进行斜切、扭曲和透视变换。

（1）打开素材，使用选择工具选择对象（图4-10）。选择自由变换工具，画面中会显示一个类似于工具面板状的窗格，其中包含4个按钮（图4-11）。

（2）按下自由变换按钮，单击并拖曳位于定界框中央的控制点，可以沿水平或垂直方向拉伸对象（图4-12、图4-13）；单击并拖曳边角的控制点，可以动态拉伸对象（图4-14）。按下限制按钮，然后再拖曳边角的控制点，可进行等比缩放（图4-15）。如果同时按住Alt键，还能以中心点为基准进行等比缩放。

（3）按下透视扭曲按钮，单击边角的控制点并拖曳鼠标，可以进行透视扭曲（图4-16、图4-17）。

（4）按下自由扭曲按钮，单击边角的控制点并拖曳鼠标，可以自由扭曲对象（图4-18）。如果单击以后，按住Alt键拖曳鼠标，则可以产生对称的倾

图4-8 等比缩放

图4-9 旋转对象

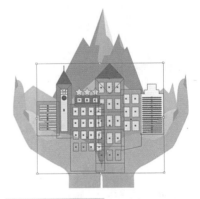

图4-10 选择对象

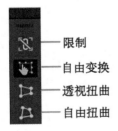

图4-11 自由变换工具

限制
自由变换
透视扭曲
自由扭曲

图4-12 拉伸对象

图4-13 拉伸对象

图4-14　动态拉伸对象

图4-15　等比缩放

斜效果（图4-19）。

（5）无论按下哪一个按钮，将光标放在定界框外，单击并拖曳鼠标可以旋转对象（图4-20）。将光标放在对象内部，单击并拖曳鼠标可以移动对象（图4-21）。

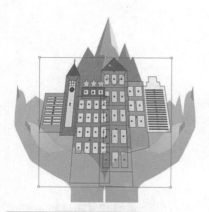

图4-16　单击边角控制点

图4-17　透视扭曲图

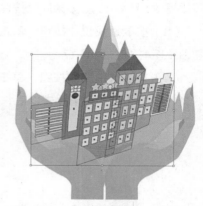

图4-18　单击边角控制点

图4-19　透视扭曲

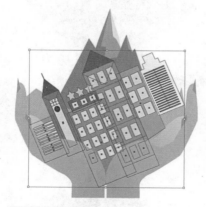

图4-20　旋转对象

图4-21　移动对象

三、分形艺术

分形（fractal）这个词是由分形创始人曼德尔布诺特于20世纪70年代提出来的，他下的定义是：一个集合形状，可以细分为若干部分，而每一部分都是整体的精确或不精确的相似形。分形图案是纯计算机艺术，它是数学、计算机与艺术的完美结合，被广泛地应用于服装面料、工艺品装饰、外观包装、书刊装帧、商业广告、软件封面和网页等设计领域。

（1）打开素材（图4-22），使用选择工具选中对象，执行"效果→风格化→投影"命令，打开"投影"对话框，为对象添加投影（图4-23、图4-24）。

（2）执行"效果→扭曲和变换→变换"命令，打开"变换效果"对话框，设置缩放、移动和旋转角度，副本份数设置为40，单击参考点定位器朝右侧中间的小方块，将变换参考点定位在定界框右侧边缘的中间处（图4-25），然后单击"确定"按钮，复制出40个小的对象。它们每一个都较前一个缩小90%、旋转-15°并移动一定的距离，这样就生成了分形特效（图4-26）。

（3）使用选择工具将小的对象移动到右侧的画面上，这里有一个背景素材，获得最终效果（图4-27）。

图4-22 打开素材

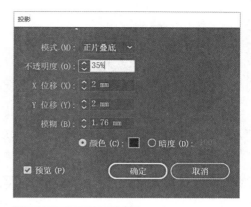

图4-23 "投影"对话框

图4-24 添加投影

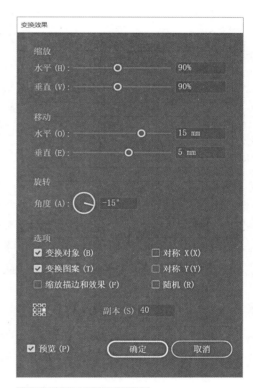

图4-25 变换参考点定位

图4-26 分形特效

图4-27 效果展示

图4-28 原图形

图4-29 "比例缩放"对话框

四、单独变换图形、图案、描边和效果

使用旋转工具、镜像工具、比例缩放工具和倾斜工具进行变换操作时，在画面中单击，可以打开相应的选项对话框。如果所选对象设置了描边、填充了图案或添加了效果，则可在对话框中设置选项，单独对描边、图案和效果应用变换而不影响图形，也可以单独变换图形，或同时变换所有内容。例如，图形包含图案、描边和投影效果（图4-28），对它进行缩放时，可以自行设置选项（图4-29）。

1. 比例缩放描边和效果

选择该选项后，描边和效果会与对象一同缩放（图案保持原有比例）（图4-30）。取消选择时，仅缩放对象，描边和效果（包括图案）的比例不变（图4-31）。

2. 变换对象/变换图案

选择"变换对象"选项时，仅缩放对象（图4-32）；选择"变换图案"选项时，仅缩放图案（图4-33）；两项都选择，则对象和图案会同时缩放（描边和效果比例保持不变）（图4-34）。

五、"变换"面板

选择对象后，在"变换"面板的选项中输入数值并按下"回车"键，可以让对象按照设定的参数进行精确变换（图4-35）。此外，选择菜单中的命令，还可对图案、描边等单独应用变换（图4-36）。

图4-30 比例缩放描边和效果

图4-31 仅缩放对象

图4-32 变换对象

图4-33 变换图案

图4-34 两项都选择

图4-35 "变换"面板

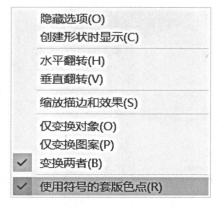

图4-36 单独应用变换

– 补充要点 –

"分别变换"对话框

在"分别变换"对话框中可以设置水平和垂直的缩放比例，另外还可以同时设置水平和垂直方向的移动距离，以及对象的旋转角度。选择"对称X"或"对称Y"选项时，可基于X轴或Y轴镜像对象。选择"随机"选项，则可在指定的变换数值内随机变换对象。

第二节 缩放、倾斜和扭曲

Illustrator为缩放、旋转、倾斜等变换操作提供了专门的工具，此外，用户还可通过液化类工具（变形、旋转扭曲和收拢等工具）创建特殊的扭曲效果。

一、使用比例缩放工具

比例缩放工具能够以对象的参考点为基准缩放对象。

（1）打开素材。使用选择工具选择对象（图4-37）。选择比例缩放工具，对象上会显示参考点。

（2）在画面中单击并拖曳鼠标可自由缩放对象

（图4-38）。按住Shift键操作，可进行等比缩放（图4-39）。如果要进行小幅度的缩放，可在离对象较远的位置拖曳鼠标。

（3）如果要按照精确的比例缩放对象，可在选中对象后，双击比例缩放工具，或执行"对象→变换→缩放"命令，打开"比例缩放"对话框（图4-40）。选择"等比"选项后，可在"比例缩放"选项内输入百分比值，进行等比缩放。如果选择"不等比"选项，则可以分别指定"水平"和"垂直"缩放比例，进行不等比缩放。

图4-37　选择对象

图4-38　自由缩放对象

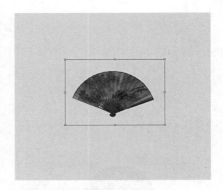

图4-39　等比缩放

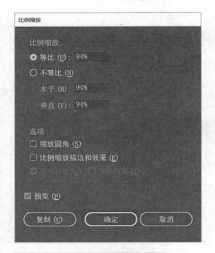

图4-40　"比例缩放"对话框

二、使用倾斜工具

倾斜工具能够以对象的参考点为基准，将对象向各个方向倾斜。

1. 打开素材（图4-41）

按下Ctrl+A快捷键全选，执行"对象→变换→倾斜"命令，或双击倾斜工具，打开"倾斜"对话框，设置倾斜角度（图4-42），然后单击"确定"按钮（图4-43）。

2. 倾斜技巧

（1）选择对象后，使用倾斜工具在画面上单击，向左、右拖曳鼠标（按住Shift键可保持其原始高度）可沿水平轴倾斜对象；向上、向下拖曳鼠标（按住Shift键可保持其原始宽度）可沿垂直轴倾斜对象。

（2）如果要按照精确的参数倾斜对象，可以打开"倾斜"对话框，首先选择沿哪条轴（"水平""垂直"或指定轴的"角度"）倾斜对象，然后在"倾斜角度"选项内输入倾斜的角度，单击"确定"按钮，即可按照指定的轴向和角度倾斜对象。如果单击"复制"按钮，则可倾斜并复制对象。

图4-41　打开素材

图4-42　设置倾斜角度

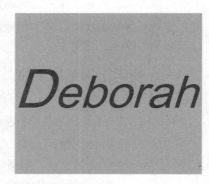

图4-43　效果展示

三、使用扭曲工具

变形工具、旋转扭曲工具、缩拢工具、膨胀工具、扇贝工具、晶格化工具和皱褶工具都属于液化类工具（图4-44）。使用这些工具时，在对象上单击并拖曳鼠标即可扭曲对象。在单击时，按住鼠标按键的时间越长，变形效果越强烈。

四、液化类工具选项

图4-44 液化类工具

双击任意一个液化类工具，都可以打开"变形工具选项"对话框（图4-45）。

1. 宽度/高度

用来设置使用工具时画笔的大小。

2. 角度

用来设置使用工具时画笔的方向。

3. 强度

可以设置扭曲的改变速度。该值越高，扭曲对象时的速度越快。

4. 使用压感笔

当计算机配置了数位板和压感笔时，该选项可用。选择该选项后，可通过压感笔的压力控制扭曲强度。

5. 细节

可以设置引入对象轮廓的各点间的间距（值越高，间距越小）。

6. 简化

可以减少多余锚点的数量，但不会影响形状的整体外观。该选项用于变形、旋转扭曲、收缩和膨胀工具。

7. 显示画笔大小

选择该选项后，可以在画面中显示工具的形状和大小。

8. 重置

单击该按钮，可以将对话框中的参数恢复为Illustrator默认状态。

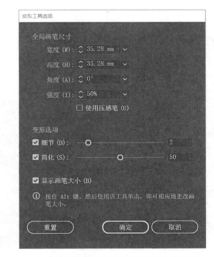

图4-45 "变形工具选项"对话框

- 补充要点 -

液化类工具的使用技巧

1. 使用液化类工具时，按住Alt键在画面空白处单击并拖曳鼠标，可以调整工具的大小。
2. 液化工具可以处理未选取的图形，如果要将扭曲限定为一个或多个对象，可在使用液化工具之前先选择这些对象。
3. 液化工具不能用于链接的文件或包含文本、图形或符号的对象。

第三节 封套扭曲

封套扭曲是Illustrator中最灵活、最具可控性的变形功能，它可以使对象按照封套的形状产生变形。封套是用于扭曲对象的图形，被扭曲的对象叫作封套内容。封套类似于容器，封套内容则类似于水，将水装进圆形的容器时，水的边界就会呈现为圆形；装进方形容器时，水的边界又会呈现为方形，封套扭曲也与之类似。

一、建立封套扭曲

1. 用变形建立封套扭曲

Illustrator提供了15种预设的封套形状，通过"用变形建立"命令可以使用这些形状来扭曲对象。

（1）新建一个文档，选择文字工具，在"字符"面板中选择字体，设置字体大小（图4-46）。在画面中单击并输入文字，设置填色与描边（图4-47）。

（2）使用文字工具分别在字母"A"和字母"E"上单击并拖曳鼠标，将其选取（图4-48），在控制面板中设置文字大小（图4-49）。

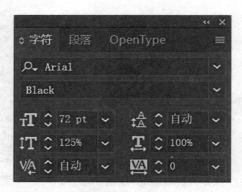

图4-46 设置字体大小

图4-47 设置填色与描边

图4-48 选取字母

图4-49 设置文字大小

（3）单击工具面板中的选择工具，执行"对象→封套扭曲→用变形建立"命令，打开"变形选项"对话框，在"样式"下拉列表中选择"拱形"（图4-50）。获得效果（图4-51）。

（4）执行"效果→3D→凸出和斜角"命令，打开"3D凸出和斜角选项"对话框，设置X轴旋转、"透视"与"凸出厚度"（图4-52）。单击对话框底部的"更多选项"按钮，显示隐藏的选项，然后单击并拖曳灯光图标，移动灯光的位置（图4-53）。

（5）新建一个灯光（图4-54），调整它的位置（图4-55），再创建一个灯光（图4-56）。单击"确定"按钮关闭对话框，获得文字效果（图4-57）。

（6）用多边形工具、星形工具添加装饰素材，选择颜色和描边，使用选择工具将文字放在顶层（图4-58）。

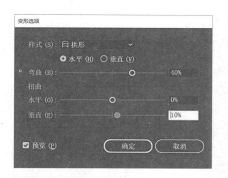

图4-50　选择"拱形"

图4-51　效果展示

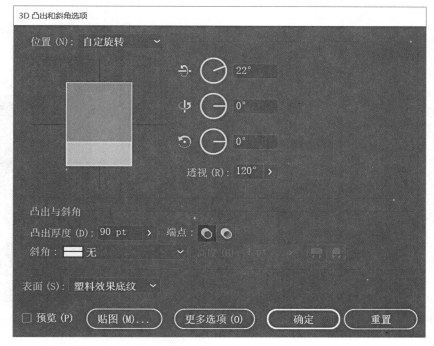

图4-52　"3D凸出和斜角选项"对话框

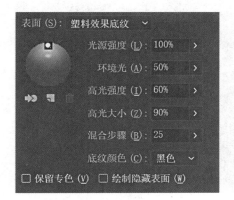

图4-53　移动灯光位置

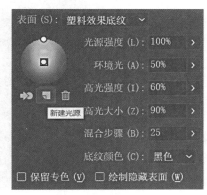

图4-54　新建灯光

图4-55　调整位置

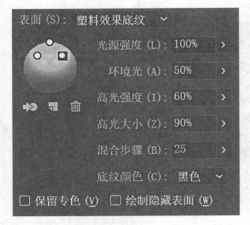

图4-56　创建灯光

图4-57　效果展示

图4-58　将文字放在顶层

2. 用网格建立封套扭曲

用网格建立封套扭曲是指在对象上创建变形网格，然后通过调整网格点来扭曲对象。该功能比Illustrator预设的封套（"用变形建立"命令）可控性更强。

（1）打开素材（图4-59）。选择文字工具，在画面中单击并输入文字（图4-60）。

（2）保持文字的选取状态，执行"对象→封套扭曲→用网格建立"命令，打开"封套网格"对话框，设置参数（图4-61），生成变形网格（图4-62）。

（3）使用直接选择工具单击最左侧的网格，按住鼠标左键向下拖曳（图4-63、图4-64）。

（4）单击网格点（图4-65），按住鼠标左键向左上方拖曳（图4-66），继续对文字进行变形处理（图4-67）。单击并拖曳网格可以移动网格，单击并拖曳锚点可以移动锚点。此外，单击锚点会显示方向线，拖曳方向点可以将网格调整为曲线，获得最终效果（图4-68）。

图4-59　打开素材

二、设置封套选项

封套选项决定了以何种形式扭曲对象，以便使之适合封套。要设置封套选项，可以选择封套扭曲对象，然后单击控制面板中的封套选项按钮，或执行"对象→封套扭曲→封套选项"命令，打开"封套选项"对话框进行设置（图4-69）。

图4-60　输入文字

图4-61 "封套网格"对话框

图4-62 生成变形网格

图4-63 单击左侧网格

图4-64 向下拖曳

图4-65 单击网格点

图4-66 向左上方拖曳

图4-67 文字变形处理

图4-68 效果展示

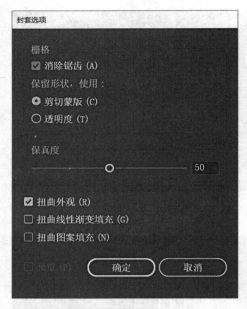

图4-69 "封套选项"对话框

三、释放封套扭曲

如果要取消封套扭曲，可以选择对象（图4-70），执行"对象→封套扭曲→释放"命令，对象会恢复为封套前的状态（图4-71）。如果封套扭曲是使用"用变形建立"命令或"用网格建立"命令制作的，还会释放出一个封套形状图形，它是一个单色填充的网格对象（图4-72）。

四、扩展封套扭曲

选择封套扭曲对象，执行"对象→封套扭曲→扩展"命令，可以将它扩展为普通的图形（图4-73）。对象仍保持扭曲状态，并且可以继续编辑和修改，但无法恢复为封套前的状态。

图4-70 选择对象

图4-71 恢复封套前状态

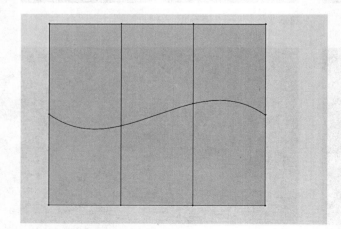

图4-72 释放出封套形状图形

图4-73 扩展为普通图形

─ 补充要点 ─

转换封套扭曲

如果当前选择的封套扭曲对象是使用"用变形建立"命令创建的，则执行"对象→封套扭曲→用网格重置"命令时，打开"重置封套网格"对话框，通过设置网格的行数和列数，可以将对象转换为使用网格制作的封套扭曲。

如果当前选择的封套扭曲对象是使用"用网格建立"命令制作的，则执行"对象→封套扭曲→重置弯曲"命令时，打开"变形选项"对话框，在对话框中选择一个变形选项，可以将对象转换为用变形制作的封套扭曲。

第四节　组合对象

在Illustrator中创建基本图形后，可以通过不同的方法将多个图形组合为复杂的图形。组合对象时，可以通过"路径查找器"面板操作，也可以使用复合路径和复合形状。

图4-74　路径查找器

一、"路径查找器"面板

选择两个或多个重叠的图形后，单击"路径查找器"面板中的按钮，可以对它们进行合并、分割和修剪等操作（图4-74）。

1. 联集

将选中的多个图形合并为一个图形，合并后，轮廓线及其重叠的部分融合在一起，最前面对象的颜色决定了合并后的对象的颜色（图4-75、图4-76）。

2. 减去顶层

用最后面的图形减去它前面的所有图形，可保留后面图形的填充和描边（图4-77、图4-78）。

3. 交集

只保留图形的重叠部分，删除其他部分，重叠部分显示为最前面图形的填色和描边（图4-79、图4-80）。

图4-75　原图

图4-76　合并后

图4-77　原图

图4-78　减去顶层后

4. 差集

只保留图形的非重叠部分，重叠部分被挖空，最终图形显示为最前面图形的填色和描边（图4-81、图4-82）。

5. 分割

对图形的重叠区域进行分割，使之成为单独的图形，分割后的图形可保留原图形的填色和描边，并自动编组。例如，在一个图形上创建多条路径（图4-83），对图形分割后填充不同颜色（图4-84）。

6. 修边

将后面图形与前面图形重叠的部分删除，保留对象的填色，无描边（图4-85、图4-86）。

7. 合并

不同颜色的图形合并后，最前面的图形保持形状不变，与后面图形重叠的部分将被删除。例如，选择一个图形（图4-87），合并后将单个图形移动开获得新效果（图4-88）。

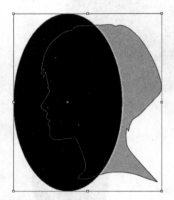

图4-79　原图

图4-80　交集后

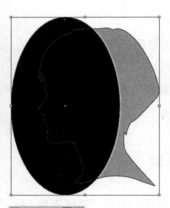

图4-81　原图

图4-82　差集后

图4-83　原图

图4-84　分割后

图4-85　原图

图4-86　修边后

8. 裁剪

只保留图形的重叠部分，最终的图形无描边，并显示为最后面图形的颜色（图4-89、图4-90）。

9. 轮廓

只保留图形的轮廓，轮廓的颜色为它自身的填色（图4-91、图4-92）。

10. 减去后方对象

用最前面的图形减去后面的所有图形，保留最前面图形的非重叠部分及描边和填色（图4-93、图4-94）。

图4-87 原图

图4-88 合并后

图4-89 原图

图4-90 裁剪后

图4-91 原图

图4-92 轮廓后

图4-93　原图　　　　　　　　　　　　图4-94　减去后方对象

二、创建复合形状

（1）打开素材（图4-95）。
按下Ctrl+A快捷键全选。

（2）下面通过两种方法组
合图形。第一种方法是直接单
击"路径查找器"面板"形状模
式"选项组中的按钮，这样操作
在组合对象的同时会改变图形的
结构。例如，单击减去顶层按
钮（图4-96），会合并所有图形
（图4-97）。另一种方法是按下
Ctrl+Z快捷键撤销操作，按住Alt
键单击减去顶层按钮，创建复合
形状。复合形状能够保留原图形
各自的轮廓，它对图形的处理是
非破坏性的（图4-98）。

图4-95　打开素材

图4-96　单击减去顶层

图4-97　合并所有图形

图4-98　创建复合形状

- 补充要点 -

复合形状的编辑

　　复合形状是可编辑的对象，可以使用直接选择工具或编组选择工具选取其中的对象，还可以使用锚点
编辑工具修改对象的形状，或者修改复合形状的填色、样式或透明度属性。

三、创建和编辑复合路径

复合路径是由一条或多条简单的路径组合而成的图形，常用来制作挖空效果，即可以在路径的重叠处呈现孔洞。

（1）打开素材（图4-99）。使用选择工具按住Shift键单击文字和图形（图4-100）。

图4-99　打开素材

（2）执行"对象→复合路径→建立"命令，创建复合路径（图4-101）。复合路径中的各个对象会自动编组，并在"图层"面板中显示为"→复合路径→"（图4-102）。

（3）选择编组选择工具，将光标放在图形的边界上（图4-103），单击并移动图形的位置，孔洞区域也会随之改变（图4-104）。此外，可以使用锚点编辑工具对锚点进行编辑和修改。

图4-100　单击文字和图形

（4）如果要释放复合路径，可以选择对象，执行"对象→复合路径→释放"命令。各个对象都将恢复为原来各自独立的状态，但这些路径不能恢复为创建复合路径前的颜色。

四、用斑点画笔工具绘制和合并路径

图4-101　创建复合路径

斑点画笔工具可以绘制用颜色或图案进行填充、无描边的形状。该工具的特别之处是绘制的图形能与具有相同颜色（无描边）的其他形状进行交叉与合并。将斑点画笔工具多与橡皮擦工具及平滑工具结合使用，可以实现自然绘图。

1．斑点画笔工具选项

双击斑点画笔工具感，可以打开"斑点画笔工具选项"对话框（图4-105）。

图4-102　自动编组

2．保持选定

绘制并合并路径时，所有路径都将被选中，并且在绘制过程中保持选取状态。该选项在查看包含在合并路径中的全部路径时非常有用。

3．仅与选区合并

仅将新笔触与目前已选中的路径合并，新笔触不会与其他未选中的交叉路径合并。

图4-103　光标放置图形边界

4．保真度

控制"必须将鼠标移动多大距离"，Illustrator才会向路径添加新锚点。例如，保真度值为2.5，表示小于2.5像素的工具移动将不生成锚点。保真度的范围可介于0.5～20像素之间。该值越大，路径越平滑，复杂程度越小。

图4-104　移动图形位置

5．大小

可以调整画笔的大小。

6. 角度

可以调整画笔旋转的角度。拖移预览区中的箭头，或在"角度"文本框中输入一个值。

7. 圆度

可以调整画笔的圆度。将预览中的黑点朝向或背离中心方向拖移，或者在"圆度"文本框中输入一个值。该值越大，圆度越大。

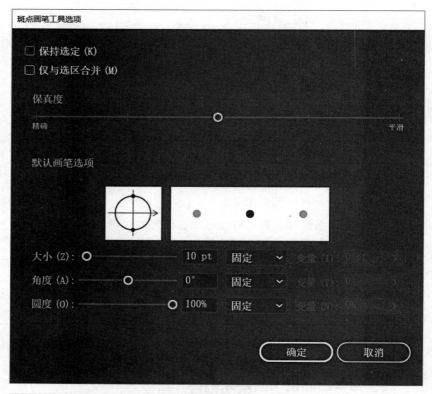

图4-105 "斑点画笔工具选项"对话框

— 补充要点 —

斑点画笔工具的使用规则

1. 如果合并路径，它们的堆叠顺序必须上下相邻。

2. 斑点画笔工具创建的是有填充、无描边的路径，并且只能与具有相同的填充颜色并且没有描边的图形合并。

3. 使用斑点画笔工具绘制路径时，新路径将与所遇到的最匹配路径合并。如果新路径在同一组或同一图层中遇到多个匹配的路径，则所有交叉路径都会合并在一起。

4. 要对斑点画笔工具应用上色属性（如效果或透明度），应选择该工具，并在开始绘制之前在"外观"面板中设置各种属性。

第五节　剪切和分割对象

图4-106　擦除前

　　Illustrator可以通过不同的方式剪切和分割图形，例如，可以将对象分割为网格，用一个对象分割另一个对象，以及擦除图形等。

一、刻刀工具

　　使用刻刀工具可以裁剪图形。如果是开放式的路径，裁切后会成为闭合式路径。使用刻刀工具裁剪填充了渐变颜色的对象时，如果渐变的角度为0°，则每裁切一次，Illustrator就会自动调整渐变角度，使之始终保持0°，因此，裁切后对象的颜色会发生变化。

图4-107　擦除后

二、橡皮擦工具

　　用橡皮擦工具，在图形上方单击并拖曳鼠标，可以擦除对象（图4-106、图4-107）。如果要将擦除方向限制为垂直、水平或对角线方向，可按住Shift键操作；如果要围绕一个区域创建选框并擦除选框内的内容，可按住Alt键操作（图4-108）；如果要将选框限制为正方形，可按住Alt+Shift键操作。

图4-108　按住Alt键操作

── 补充要点 ──

橡皮擦工具的应用

　　选择橡皮擦工具后，按下"］"键和"［"键，可以增加或缩小画笔直径。该工具可擦除图形的任何区域，而不管它们是否属于同一对象或是否在同一图层。并且，它可以擦除路径、复合路径、实时上色组内的路径和剪贴路径。

图4-109　选择路径

三、"分割下方对象"命令

　　选择一条路径（图4-109），执行"对象→路径

→分割下方对象"命令,可以用所选路径分割它下面的对象。用编组选择工具将图形移开可看到效果(图4-110)。"分割下方对象"命令与刻刀工具产生的效果相同,但更容易控制。

图4-110　移开图形

四、将对象分割为网格

使用"分割为网格"命令可以将对象分割为矩形网格。在进行分割时,可以精确地设置行和列之间的高度、宽度和间距大小。选择要分割的对象(图4-111),执行"对象→路径→分割为网格"命令,打开"分割为网格"对话框(图4-112)。

1."行"选项

在"数量"选项内可以设置矩形的行数;"高度"选项用来设置矩形的高度;"栏间距"选项用来设置行与行之间的间距;"总计"选项用来设置矩形的总高度,增加该值时,Illustrator会增加每一个矩形的高度,从而达到增加整个矩形高度的目的。

2."列"选项组

在"数量"选项内可以设置矩形的列数;"宽度"选项用来设置矩形的宽度;"间距"选项用来设置列与列的间距;"总计"选项用来设置矩形的总宽度,增加该值时,Illustrator会增加每一个矩形的宽度,从而达到增加整个矩形宽度的目的。

3. 添加参考线

选择该选项后,会以阵列的矩形为基准创建类似参考线状的网格。

图4-111　选择对象

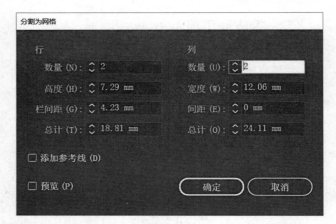

图4-112　"分割为网格"对话框

第六节　混合

混合功能可以在两个或多个对象之间生成一系列的中间对象,使之产生从形状到颜色的全面过渡效果。用于创建混合的对象既可以是图形、路径和混合路径,也可以是使用渐变和图案填充的对象。

一、创建混合

在创建混合时,一般是通过混合工具来创建混合。如果用于创建混合的图形较多或比较复杂时,则使用混合工具很难正确地捕捉锚点，创建混合效果时可能会发生扭曲，这时，使用混合命令来创建混合则可以避免出现这种情况。

二、编辑混合轴

创建混合后，会自动生成一条用于连接对象的路径，即混合轴。在默认情况下，混合轴是一条直线路径，拖曳混合轴上的锚点或路径段，可以调整混合轴的形状。此外，混合轴上也可以添加或删除锚点。

（1）打开素材（图4-113）。选择直接选择工具，将光标放在混合对象上方，捕捉到混合轴时，单击鼠标将其选取（图4-114）。

（2）选择锚点工具，将光标放在混合轴上，单击并拖曳鼠标，将其修改为曲线路径（图4-115）。

三、设置混合选项

创建混合后，可以通过"混合选项"命令修改图形的方向和颜色的过渡方式。选择混合对象（图4-116），双击混合工具，打开"混合选项"对话框（图4-117）。

1. 间距

选择"平滑颜色"选项，可自动生成合适的混合步数，创建平滑的颜色过渡效果（图4-118）；选择"指定的步数"选项，可以在右侧的文本框中输

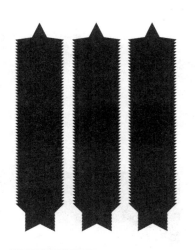

图4-113 素材

图4-114 捕捉混合轴

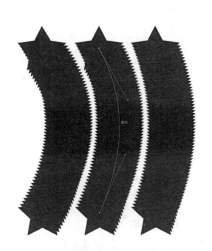

图4-115 修改为曲线路径

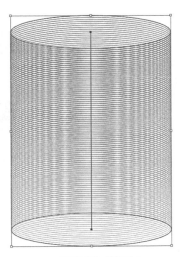

图4-116 选择混合对象

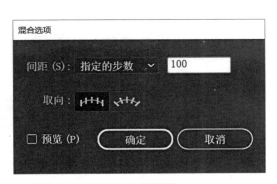

图4-117 "混合选项"对话框

入混合步数（图4-119）；选择"指定的距离"选项，可以输入由混合生成的中间对象之间的间距（图4-120）。

2．取向

如果混合轴是弯曲的路径，单击对齐页面按钮，对象的垂直方向与页面保持一致（图4-121）；单击对齐路径按钮，对象垂直于路径（图4-122）。

四、扩展混合对象

创建混合以后，原始对象之间生成的新图形无法选择，也不能进行修改。如果要编辑这些图形，可以选择混合对象（图4-123），执行"对象→混合→扩展"命令，将图形扩展出来（图4-124）。这些图形会自动编组，可以选择其中的任意对象单独进行编辑。

图4-118　创建平滑颜色过渡

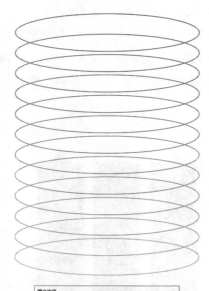

图4-119　输入混合步数

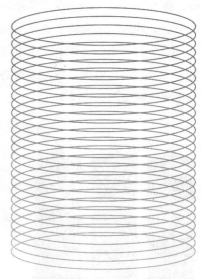

图4-120　指定的距离

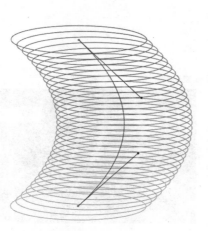

图4-121　对齐页面

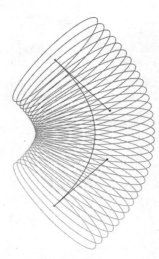

图4-122　对齐路径

图4-123　选择混合对象

图4-124　扩展

五、释放混合对象

选择混合对象，执行"对象→混合→释放"命令，可以取消混合，将原始对象释放出来，并删除由混合生成的新图形。此外，还会释放出一条无填色、无描边的混合轴（路径）。

本章小结

本章主要讲解了在Illustrator中怎样对现有的图形进行编辑，通过变换、变形、封套、组合、剪切、分割和混合等方法，改变其形状，进而得到所需的图形。在Illustrator中，看似简单的几何图形通过几步操作便可以组合为复杂的图形。通过本章的学习，读者可以轻松自如地运用Illustrator制作出复杂多样的图形。通过本章的学习，结合党的二十大报告内容，针对于环保、生产等主题，可以尝试设计一批具有时代精神的图形。

课后练习

1. 怎样隐藏定界框？隐藏后怎样重新显示定界框？
2. 使用定界框进行变换和使用自由变换工具进行变换有什么区别？
3. 在进行图形的描边时，怎样才能使描边后的图形在缩放时，其描边也同比例缩放？
4. 怎样使图形在倾斜时按照精确的参数倾斜？怎样使图形在倾斜的同时得到复制？
5. 怎样对"用变形建立"的封套扭曲与"用网格建立"的封套扭曲进行相互转换？
6. 斑点画笔工具的使用规则有哪些？
7. 在使用橡皮擦工具时，按下"］"键和"［"键有什么用途？
8. Illustrator中的混合功能有什么作用？混合一般可以通过哪几种方式创建？
9. 结合前面所学的图形的绘制及形状的编辑，结合中国共产党二十大会议报告内容，以"人民幸福安康"为主题设计绘制一款标志。

PPT 课件

案例素材

教学视频

学习难度：★★★☆☆
重点概念：图层、蒙版、不透明度、
模式

◁ 章节导读

　　图层是Illustrator中非常重要的功能，用来管理对象，它就像结构清晰的文件夹，包含了所有图稿内容，并承载了图形和效果。图层可以控制对象的堆叠顺序、显示模式，以及进行锁定和删除等，此外，它还可以创建剪切蒙版。如果没有图层，那么所有的对象都将处于同一个平面上，不仅图稿的复杂程度大大提高，更会增加对象的选择难度。蒙版用于遮盖对象，使其不可见或呈现透明效果，但不会删除对象，因此，它是一种非破坏性的编辑功能。

第一节　创建与编辑图层

一、"图层"面板

　　执行"窗口→图层"命令，打开"图层"面板，面板中列出了当前文档中包含的所有图层和子图层（图5-1）。

1. 定位对象

　　选择一个对象后（图5-2），单击该按钮，可以选择对象所在的图层或子图层（图5-3）。当文档中图层、子图层和组的数量较多时，通过这种方法可以快速找到所需的图层。

2. 建立/释放剪切蒙版

　　单击该按钮，可以创建或释放剪切蒙版。

3. 父图层

　　单击创建新图层按钮，可以创建一个图层（即父图层），新建的图层总是位于当前选择的图层之上。将一个图层或者子图层拖曳到创建新图层按钮上，可以复制该图层。

4. 子图层

　　单击创建新子图层按钮，可以在当前选择的父图层内创建一个子图层。

5. 图层名称/颜色

　　按住Alt键单击创建新图层按钮，或双击一个图层，可以打开"图层选项"对话框设置图层的名称和颜色。当图层数量较多时，给图层命名可以更加方便

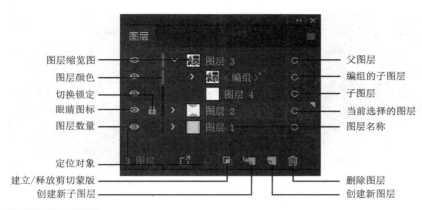

图层缩览图 ——
图层颜色 ——
切换锁定 ——
眼睛图标 ——
图层数量 ——
—— 父图层
—— 编组的子图层
—— 子图层
—— 当前选择的图层
—— 图层名称

定位对象 ——
建立/释放剪切蒙版 ——
创建新子图层 ——
—— 删除图层
—— 创建新图层

图5-1　图层面板

图5-2　选择一个对象

地查找和管理对象；为图层选择一种颜色后，当选择该图层中的对象时，对象的定界框、路径、锚点和中心点都会显示与图层相同的颜色，这有助于在选择时区分不同图层上的对象。

6. 眼睛图标

单击该图标可进行图层显示与隐藏的切换。有该图标的图层为显示的图层，无该图标的图层为隐藏的图层。被隐藏的图层不能进行编辑，也不能打印出来。

7. 切换锁定

在一个图层的眼睛图标右侧单击，可以锁定该图层。被锁定的图层不能再做任何编辑，并且会显示出一个叠状图标。如果要解除锁定，可单击该图标。

8. 删除图层

按住Alt键单击删除按钮，或将图层拖曳到该按钮上，可直接删除图层。如果图层中包含参考线，则参考线也会同时删除。删除父图层时，会同时删除它的子图层。

二、创建图层和子图层

单击"图层"面板中的创建新图层按钮，可以在当前选择的图层上方新建一个图层（图5-4）。单击创建新子图层按钮，则可在当前选择的图层中创建一个子图层（图5-5）。

三、复制图层

在"图层"面板中，将一个图层、子图层或组拖至面板底部的创建新图层按钮上，即可复制它（图5-6、图5-7）。按住Alt键向上或向下拖曳图层、子图层或组，可以将其复制到指定位置（图5-8、图5-9）。

四、编辑图层

图层可以调整顺序、修改命名、设置易于识别的颜色，也可以隐藏、合并和删除。

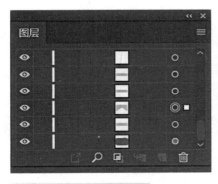

图5-3　选择对象所在图层

图5-4　新建图层

图5-5　新建子图层

图5-6 拖拽图层

图5-7 复制图层

图5-8 按住Alt键拖曳

图5-9 复制到指定位置

图5-10 双击图层

1. 设置图层选项

双击"图层"面板中的图层（图5-10），或单击一个图层后，执行面板菜单中的"（图层名称）图层的选项"命令，可以打开"图层选项"对话框（图5-11）。

（1）名称。可以修改图层的名称。在图层数量较多的情况下，给图层命名可以更加方便地查找和管理对象。

（2）颜色。在该选项的下拉列表中可以为图层选择一种颜色（图5-12），也可以双击选项右侧的颜色块，打开"颜色"对话框设置颜色。在默认情况下，Illustrator会为每一个图层指定一种颜色，该颜色将显示在"图层"面板图层缩览图的前面（图5-13），选择该图层中的对象时，所选对象的定界框、路径、锚点及中心点也会显示与此相同的颜色（图5-14）。

（3）模板。选择该选项后，可以将当前图层创建为模板图层。模板不能被打印和导出。取消该选项的选择时，可以将模板图层转换为普通图层。

（4）显示。选择该选项，当前图层为可见图层，图层前会显示眼睛图标。取消选择时，则隐藏图层。

（5）预览。选择该选项时，当前图层中的对象为预览模式，图层前会显示眼睛图标（图5-15）。取消选择时，图层中的对象为轮廓模式。

图5-11 图层选项

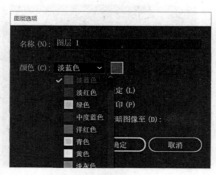

图5-12 选择颜色

图5-13 图层颜色改变

（6）锁定。选择该选项，可以将当前图层锁定，图层前方会出现锁状图标。

（7）打印。选择该选项，表示当前图层可进行打印。如果取消选择，则该层中的对象不能被打印，图层的名称也会变为斜体（图5-16）。

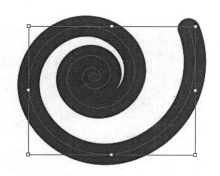

图5-14 改变颜色

（8）变暗图像至。选择该选项，然后再输入一个百分比值，可以淡化当前图层中图像的显示效果。该选项只对位图有效，矢量图形不会发生任何变化。这一功能在描摹位图图像时十分有用。

2. 选择图层

单击"图层"面板中的一个图层，即可选择该图层（图5-17），所选图层称为"当前图层"。开始绘图时，创建的对象会出现在当前图层中。如果要同时选择多个图层，可以按住Ctrl键单击它们（图5-18）。如果要同时选择多个相邻的图层，可以按住Shift键单击最上面和最下面的图层（图5-19、图5-20）。

图5-15 眼睛图标

图5-16 取消打印

3. 调整图层的堆叠顺序

在"图层"面板中，图层的堆叠顺序与绘图时在画面中创建的对象的堆叠顺序是一致的，因此，"图层"面板中最顶层的对象在文档中也位于所有对象的最前面，最底层的对象在文档中位于所有对象的最后面（图5-21）。

单击并将一个图层、子图层或图层中的对象拖曳到其他图层（或子图层）的上面或下面，

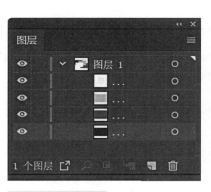

图5-17 单击图层

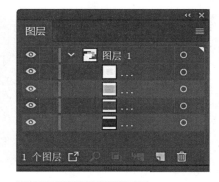

图5-18 按住Ctrl键单击

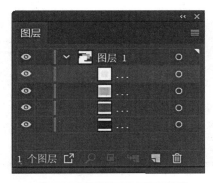

图5-19 按住Shift键单击最上面

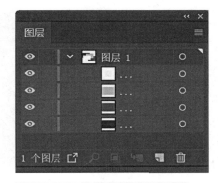

图5-20 按住Shift键单击最下面

可以调整图层的堆叠顺序（图5-22）。如果将图层拖至另外的图层内，则可将其设置为目标图层的子图层。

4. 将对象移动到其他图层

在文档中选择一个对象后，"图层"面板中该对象所在的图层的缩览图右侧会显示一个块状图标（图5-23）。将该图标拖曳到其他图层，可以将当前选择的对象移动到目标图层中（图5-24）。块状图标的颜色取决于当前图层的颜色，由于Illustrator会为不同图层分配不同的颜色，因此，将对象调整到其他图层后，该图标的颜色也会变为目标图层的颜色。

5. 定位对象

在文档窗口中选择对象后（图5-25），如果想要了解所选对象在"图层"面板中的位置，可单击定位对象按钮，或执行"图层"面板菜单中的"定位对象"命令（图5-26）。该命令对于定位复杂图稿，尤其是重叠图层中的对象非常有用。

图5-21　图层顺序

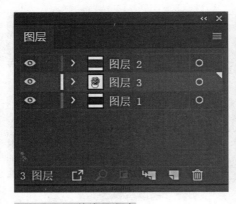

图5-22　调整堆叠顺序

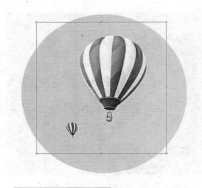

图5-23　选择对象

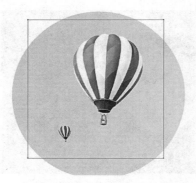

图5-24　将对象移动到目标图层

图5-25　选择对象

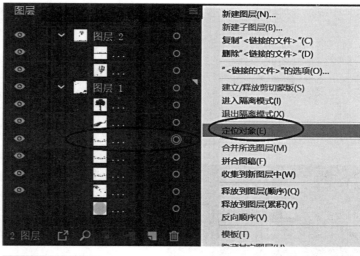

图5-26　定位对象

6. 显示与隐藏图层

　　编辑复杂的图稿时，将暂时不用的对象隐藏，可以减少干扰，同时还能加快屏幕的刷新速度。在"图层"面板中，图层、子图层和组前面有眼睛图标的，表示对象在画面中为显示状态（图5-27）。单击一个子图层

图5-27　对象全部为显示状态

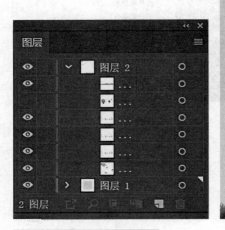

图5-28 热气球为隐藏状态

图5-29 红色图层所有对象被隐藏

图5-30 隐藏其他图层

图5-31 隐藏多个相邻图层

或组前面的眼睛图标，可隐藏对象（图5-28）。单击图层前面的眼睛图标，可隐藏图层中的所有对象（图5-29）。如果要重新显示图层、子图层和组，可在原眼睛图标处单击。

按住Alt键单击一个图层的眼睛图标，可以隐藏其他图层（图5-30）。在眼睛图标列单击并拖曳鼠标，可同时隐藏多个相邻的图层（图5-31）。采用相同的方法操作，可以重新显示图层。

7. 锁定图层

编辑对象，尤其是修改锚点时，为了不破坏其他对象，或避免其他对象的锚点影响当前操作，可以将这些对象锁定，即将其保护起来。被锁定的对象不能被选择和修改，但它们是可见的，能够被打印出来。

如果要锁定一个对象，可单击其眼睛图标右侧的方块，该方块中会显示出一个锁状图标（图5-32）。如果要锁定一个图层，可单击该图层眼睛图标右侧的方块，当锁定父图层时，可同时锁定其中的组和子图层（图5-33）。如果要解除锁定，可以单击锁状图标。

8. 粘贴时记住图层

选择一个对象（图5-34），按下Ctrl+C快捷键复制，再选择一个图层（图5-35），按下Ctrl+V快捷键，可以将对象粘贴到所选图层中（图5-36）。

如果要将对象粘贴到原图层，可以在"图层"面板菜单中选择"粘贴时记住图层"命令，然后再进行粘贴操作，对象会粘贴至原图层中，而不管该图层在"图层"面板中是否处于选择状态（图5-37），并且对象将位于画面的中心。

9. 将对象释放到单独的图层

Illustrator可以将图层中的所有对象重新分配到各图层中，并根据对象的堆叠顺序在每个图层中构建新的对象。该功能可用于制作Web动画文件，尤其是创建累积动画顺序时非常有用。

图5-32　锁定对象

图5-33　锁定图层

图5-34　选择一个对象

图5-35　选择一个图层

图5-36　粘贴对象到所选图层

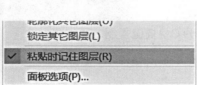

图5-37　粘贴时记住图层

图5-38　原图

制作好动画元素后（图5-38），在"图层"面板中单击其所在的图层或组的名称（图5-39），打开面板菜单，选择"释放到图层（顺序）"命令，可以将每一个对象都释放到单独的图层中（图5-40）。如果选择"释放到图层（累积）"命令，则释放到图层中的对象是递减的，此时最底部的对象将出现在每个新建的图层中，最顶部的对象仅出现在最顶层的图层中（图5-41）。

图5-39　单击图层

图5-40　释放到图层（顺序）

10. 合并与拼合图层

在"图层"面板中按住Ctrl键单击要合并的图层或组，将它们选择（图5-42）。打开面板菜单，选择"合并所选图层"命令，所选对象会合并到最后一次选择的图层或组中（图5-43）。

如果要将所有图稿都拼合到某一个图层中，可单击该图层（图5-44），然后从"图层"面板菜单中选择"拼合图稿"命令（图5-45）。

图5-41　释放到图层（累积）

图5-42　选择要合并的图层

图5-43　合并所选图层

图5-44　单击一个图层

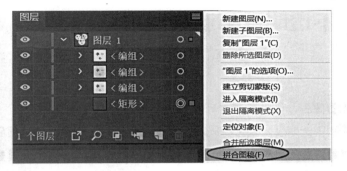

图5-45　拼合图稿

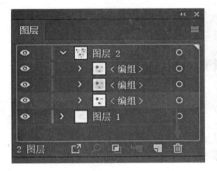

图5-46　删除组

图5-47　删除组后

11. 删除图层

在"图层"面板中选择一个图层、子图层或组，单击删除图层按钮即可将其删除。此外，将它们拖曳到"叠"按钮上，可直接删除。删除子图层和组时，不会影响图层和图层中的其他子图层（图5-46、图5-47）。删除图层时，会同时删除图层中包含的所有对象（图5-48）。

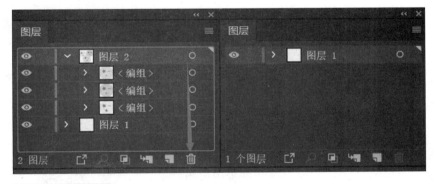

图5-48　删除图层

- 补充要点 -

图层合并技巧

　　合并图层时，图层只能与"图层"面板中相同层级上的其他图层合并。同样，子图层也只能与相同层级上的其他子图层合并。而对象无法与其他对象合并。此外，合并图层与拼合图层操作都可以将对象、组和子图层合并到同一图层或组中。合并图层时，可以选择都要合并哪些对象。拼合图层时，则只能将图稿中的所有可见对象合并到同一图层中。无论使用哪种方式合并图层，图稿的堆叠顺序都保持不变，但其他的图层及属性将不会保留。

第二节　不透明度与混合模式

选择图形或图像后，可以在"透明度"面板中设置它的混合模式和不透明度。混合模式决定了当前对象与它下面的对象堆叠时是否混合，以及采用什么方式混合。不透明度决定了对象的透明程度。

一、"透明度"面板

"透明度"面板用来设置对象的不透明度和混合模式，并可以创建不透明度蒙版和挖空效果。打开该面板后，选择面板菜单中的"显示选项"命令，可以显示全部选项（图5-49）。在"透明度"面板中，"制作蒙版"按钮，以及"剪切"和"反相蒙版"选项用于创建和编辑不透明度蒙版。

1. 混合模式

单击面板左上角的三角按钮，可在打开的下拉列表中为当前对象选择一种混合模式。

2. 不透明度

用来设置所选对象的不透明度。

3. 隔离混合

勾选该选项后，可以将混合模式与已定位的图层或组进行隔离，以使它们下方的对象不受影响。要进行隔离混合操作，可以在"图层"面板中选择一个组或图层，然后在"透明度"面板中选择"隔离混合"。

4. 挖空组

选择该选项后，可以保证编组对象中单独的对象或图层在相互重叠的地方不能透过彼此而显示。

5. 不透明度和蒙版用来定义挖空形状

用来创建与对象不透明度成比例的挖空效果。在接近100%不透明度的蒙版区域中，挖空效果较强；在具有较低不透明度的区域中，挖空效果较弱。

二、混合模式

选择一个或多个对象，单击"透明度"面板顶部的三角按钮打开下拉列表，选择一种混合模式，所选对象会采用这种模式与下面的对象混合。Illustrator提供了16种混合模式，它们分为6组（图5-50），每一组中的混合模式都有着相近的用途。

三、调整不透明度

在默认情况下，Illustrator中的对象的不透明度为100%（图5-51）。选择对象后，在"透明度"面板的"不透明度"文本框中输入数值，或单击按钮拖曳滑块调整参数，可以使其呈现透明效果。以下是将书本的不透明度设置为50%后的效果（图5-52、图5-53）。

四、调整编组对象的不透明度

调整编组对象的不透明度时，会因选择方式的不同而有所区别。只有位于图层或组外面的对象及其下方的对象可以通过透明对象显示出来。如果将某个对象移入此图层或组，它就会具有此图层或组的不透明度；若将某一对象从图层或组中移出，则其不透明度设置也将被去掉，不再保留。

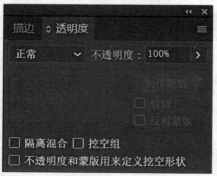

图5-49　透明度

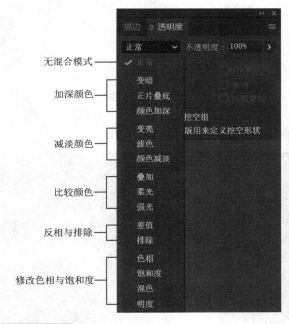

无混合模式
加深颜色
减淡颜色
比较颜色
反相与排除
修改色相与饱和度

图5-50 混合模式

图5-52 调整不透明度

图5-51 原图

图5-53 效果展示

五、调整填色和描边的不透明度

打开一个文件（图5-54），执行"视图→显示透明度网格"命令，在画面中显示透明度网格。选择对象，调整不透明度时，它的填色和描边的不透明度将同时被修改（图5-55）。如果只想调整填色内容的不透明度，可以在"外观"面板中单击"填色"选项，然后在"透明度"面板中调整（图5-56）；如果只想调整描边的不透明度，可单击"描边"选项，再进行调整（图5-57）。

图5-54 打开文件

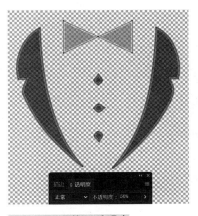

图5-55 调整不透明度

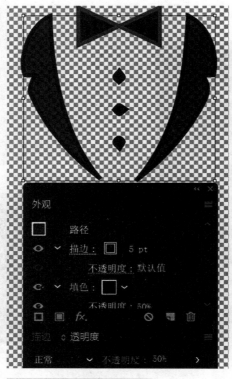

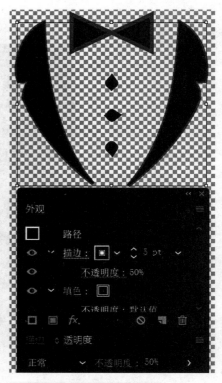

图5-56 调整填色不透明度   图5-57　调整描边不透明度

六、调整填色和描边的混合模式

如果想要单独调整填色或描边的混合模式，可以选择对象，在"外观"面板中选择"填色"或"描边"属性，然后在"透明度"面板中修改混合模式。

第三节　不透明度蒙版

蒙版用于遮盖对象，但不会删除对象。Illustrator中可以创建两种蒙版，即不透明度蒙版和剪切蒙版。不透明度蒙版可以改变对象的不透明度，使对象产生透明效果，因此创建合成效果时，常会用到该功能。剪切蒙版可以通过一个图形来控制其他对象的显示范围。

一、不透明度蒙版原理

制作不透明度蒙版前，首先应具备蒙版对象和被遮盖的对象，并且蒙版对象应位于被遮盖的对象之上。蒙版对象定义了透明区域和透明度。任何着色对象或栅格图像都可作为蒙版对象。如果蒙版对象是彩色的，则Illustrator会使用颜色的等效灰度来表示蒙版中的不透明度。

蒙版对象中的白色区域会完全显示下面的对象，黑色区域会完全遮盖下面的对象，灰色区域会使对象呈现不同程度的透明效果（图5-58）。

二、编辑蒙版对象

创建不透明度蒙版后，"透明度"面板中会出现两个缩览图，左侧是被蒙版遮盖的图稿缩览图，右侧是蒙版对象缩览图（图5-59）。在默认情况下，图稿缩览图周围有一个蓝色的矩形框，表示图稿处于编辑状态，此时可以对图稿进行编辑，例如，可以修改其填色和描边等（图5-60）。

单击蒙版对象缩览图可进入蒙版编辑状态，蓝色矩形框会转移到该缩览图上（图5-61），此时可以选择蒙版对象，修改它的形状和位置，也可以通过修改它的填充颜色来改变蒙版的遮盖效果（图5-62）。

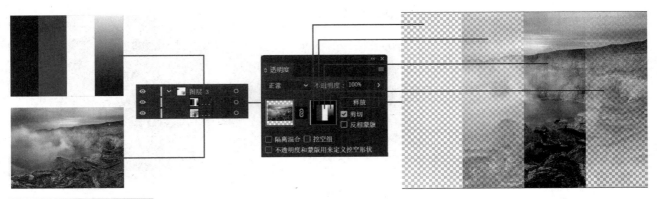

图5-58　不透明度蒙版原理

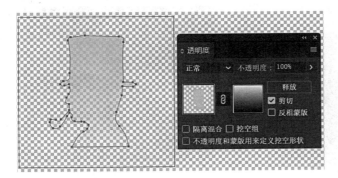

图5-59　创建不透明度蒙版

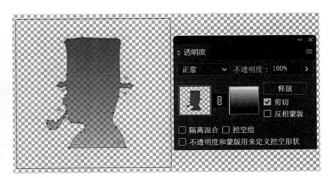

图5-60　编辑图稿

三、停用和激活不透明度蒙版

选择不透明度蒙版对象，按住Shift键单击"透明度"面板中的蒙版对象缩览图（右侧的缩览图），可以停用蒙版，蒙版缩览图上会显示一个红色的"×"（图5-63），如果要激活不透明度蒙版，可以按住Shift键单击蒙版对象缩览图（图5-64）。

四、取消链接和重新链接不透明度蒙版

创建不透明度蒙版后，在"透明度"面板中，蒙版对象与被蒙版的图稿之间有一个链接图标（图5-65），它表示蒙版与被其遮盖的对象保持链接，此时移动、旋转或变换对象时，蒙版会同时变换，因此，被遮盖的区域不会改变。取消链接后，可单独移动对象或蒙版，也可进行其他编辑操作（图5-66）。如果要重新建立链接，可在原图标处单击，重新显示链接图标。

图5-61 蒙版编辑状态

图5-62 修改蒙版颜色

图5-63 停用蒙版

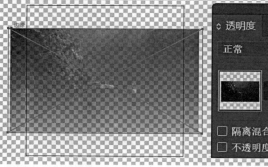

图5-64 激活蒙版

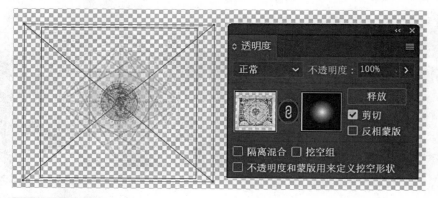

图5-65 保持链接

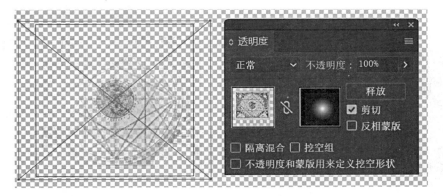

图5-66　取消链接

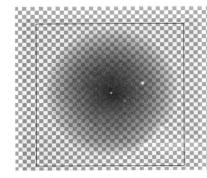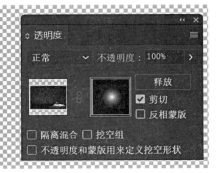

图5-67　勾选"剪切"

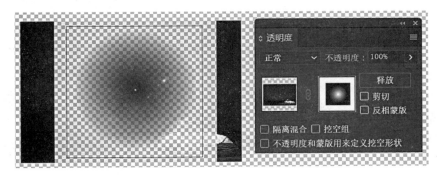

图5-68　取消勾选"剪切"

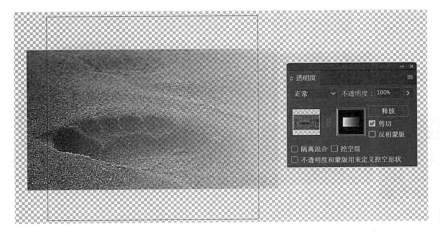

图5-69　蒙版

五、剪切不透明度蒙版

在默认情况下，新创建的不透明度蒙版为剪切状态，即蒙版对象以外的内容都被剪切掉了，此时在"透明度"面板中，"剪切"选项为选择状态（图5-67）。如果取消"剪切"选项的勾选，则可在遮盖对象的同时，让蒙版对象以外的内容显示出来（图5-68）。

六、反相不透明度蒙版

在默认情况下，蒙版对象中的白色区域会完全显示下面的对象，黑色区域会完全遮盖下面的对象，灰色区域会使对象呈现透明效果（图5-69）。如果在"透明度"面板中选择"反相蒙版"选项，则可以显示反相蒙版的明度值（图5-70）。取消选择"反相蒙版"选项，可以将蒙版恢复为正常状态。

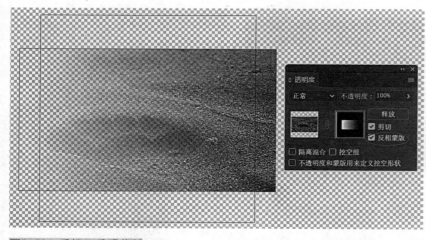

图5-70　反相不透明蒙版

七、释放不透明度蒙版

选择不透明度蒙版对象，单击"透明度"面板中的"释放"按钮，可以释放不透明度蒙版，蒙版对象会重新出现在被蒙版的对象的上方，即使对象恢复到蒙版前的状态。

第四节　剪切蒙版

不透明度蒙版用来控制对象的透明程度，而剪切蒙版用来控制对象的显示区域。它可以通过蒙版图形的形状来遮盖其他对象。

象统称为剪切组合。只有矢量对象可以作为蒙版对象（此对象被称为剪贴路径），但任何对象都可以作为被遮盖的对象。如果使用图层或组来创建剪切蒙版，则图层或组中的第一个对象将会遮盖图层或组中的所有内容。此外，无论蒙版对象属性如何，创建剪切蒙版后，都会变成一个无填色和描边的对象。

一、剪切蒙版原理

剪切蒙版使用一个图形的形状来隐藏其他对象，位于该图形范围内的对象显示，位于该图形以外的对象会被蒙版遮盖，而不可见（图5-71）。

在"图层"面板中，蒙版图形和被蒙版遮盖的对

二、创建剪切蒙版

剪切蒙版可以通过两种方法来创建。第一种方

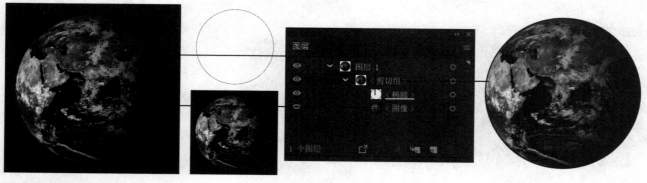

图5-71　剪切蒙版原理

法是选择对象（图5-72），单击"图层"面板中的建立／释放剪切蒙版按钮进行创建，此时蒙版会遮盖同一图层中的所有对象（图5-73）。

第二种方法是在选择对象后，执行"对象→剪切蒙版→建立"命令来进行创建，此时蒙版只遮盖所选的对象，不会影响其他对象（图5-74）。

三、在剪切组中添加或删除

在"图层"面板中，创建剪切蒙版时，蒙版图形和被其遮盖的对象会移到"<剪切组>"内（图5-75）。如果将其他对象拖入包含剪切路径的组或图层，可以对该对象进行遮盖（图5-76）。如果将剪切蒙版中的对象拖至其他图层，则可排除对该对象的遮盖。

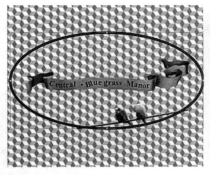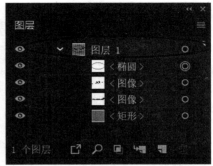

图5-72 选择对象

图5-73 建立剪切蒙版

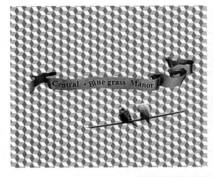

图5-74 通过"对象→剪切蒙版→建立"命令进行创建

图5-75 创建剪切蒙版

四、释放剪切蒙版

选择剪切蒙版对象，执行"对象→剪切蒙版→释放"命令，或单击"图层"面板中的建立/释放剪切蒙版按钮，即可释放剪切蒙版，使被剪贴路径遮盖的对象重新显示出来。如果将剪切蒙版中的对象拖至其他图层，也可释放该对象，使其显示出来。

本章小结

本章详细介绍了Illustrator的图层与蒙版。从图层面板中的各个工具的作用与操作方法的介绍，到讲解怎样创建图层、编辑图层、调整图层的不透明度与混合模式等，接着介绍了蒙版的作用与使用方法。通过本章的学习，读者能熟练掌握并运用图层与蒙版，对前面章节收集、设计的中国传统图形进行深度处理，获得更高品质的图形。

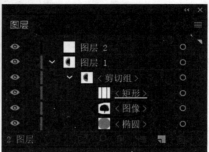

图5-76　移动图像

— 补充要点 —

图层与剪切蒙版

在同一图层中制作剪切蒙版时，蒙版图形（剪贴路径）应该位于被遮盖对象的上面。如果图形位于不同的图层，则制作剪切蒙版时，应将蒙版图形（剪贴路径）所在的图层调整到被遮盖对象的上层。

课后练习

1. 当图层数量较多时，怎样快速找到其中某个需要的图层？
2. 眼睛图标的作用是什么？
3. 在Illustrator中创建一个新图层及该图层的子图层，并将这个图层和子图层分别进行复制、合并、删除等操作。
4. "透明度"面板中的"隔离混合"和"挖空组"分别有什么用途？
5. Illustrator中可以创建几种蒙版？它们分别起着怎样的作用？
6. 不透明度蒙版的原理是什么？
7. 剪切蒙版的创建方式分别有哪几种？
8. 选择革命战争主题电影剧照并进行修饰，深度表现出英雄人物的性格特征。

第六章
画笔与图案

◀ **章节导读**

　　"画笔"面板中显示了当前文件用到的所有画笔。每个Illustrator文件都可以在其"画笔"面板中包含一组不同的画笔。图案画笔和散点画笔通常可以达到同样的效果。它们之间的区别在于，图案画笔会完全依循路径，散点画笔则会沿路径散布。此外，在曲线路径上，图案画笔的箭头会沿曲线弯曲，散点画笔的箭头会保持直线方向。

第一节　创建与编辑画笔

　　画笔可以为路径描边，添加不同风格的外观，也可以模拟类似毛笔、钢笔、油画笔等笔触效果。画笔描边可以通过画笔工具和"画笔"面板来进行添加。

一、"画笔"面板

　　执行"窗口→画笔"命令，打开"画笔"面板（图6-1）。面板中包含了5种类型的画笔，即书法画笔、散点画笔、毛刷画笔、图案画笔和艺术画笔。

1. 画笔类型

　　画笔分为5类（图6-2），其中，书法画笔可以模拟传统的毛笔，创建书法效果的描边；散点画笔可以将一个对象沿着路径分布；毛刷画笔可以创建具有自然笔触的描边；图案画笔可以将图案沿路径重复拼

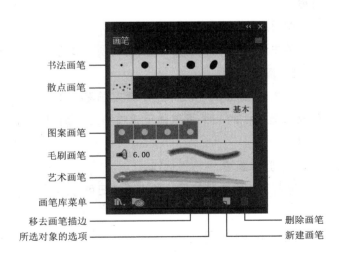

图6-1　"画笔"面板

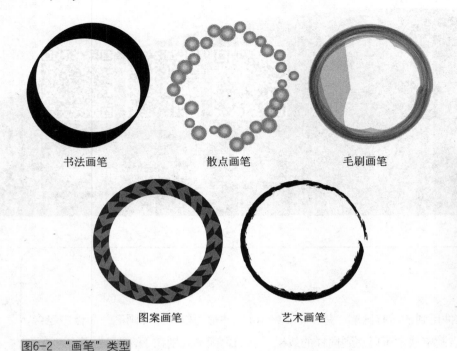

书法画笔　　　　散点画笔　　　　毛刷画笔

图案画笔　　　　艺术画笔

图6-2 "画笔"类型

图6-3 "画笔工具选项"对话框

贴；艺术画笔可以沿着路径的长度均匀拉伸画笔或对象的形状，模拟水彩、毛笔和炭笔等效果。

2. 画笔库菜单

单击该按钮，可以打开下拉列表，选择预设的画笔库。

3. 移去画笔描边

选择一个对象，单击该按钮可删除应用于对象的画笔描边。

4. 所选对象的选项

单击该按钮，可以打开"画笔选项"对话框。

5. 新建画笔

单击该按钮，可以打开"新建画笔"对话框。如果将面板中的一个画笔拖至该按钮上，则可复制画笔。

6. 删除画笔

选择面板中的画笔后，单击该按钮可将其删除。

二、设置画笔工具选项

双击画笔工具，可以打开"画笔工具选项"对话框（图6-3）。在对话框中可以设置画笔工具的各项参数。

1. 保真度

用来设置必须将鼠标移动多大距离，Illustrator才会向路径添加新锚点。例如，保真度值为2.5，表示小于2.5像素的工具移动范围不会生成锚点。保真度的范围可介于0.5～20像素之间，滑块越靠近"精确"一侧。保真度值越高，路径的变化越小。

滑块越靠近"平滑"一侧，路径越平滑。

2. 填充新画笔描边

选择该选项后，可以在路径围合的区域内填充颜色，即使是开放式路径所形成的区域也会填色（图6-4）。取消选择时，路径内部无填充（图6-5）。

3. 保持选定

绘制出一条路径后，路径自动处于选择状态。

4. 编辑所选路径

可以使用画笔工具对当前选择的路径进行修改。方法是沿路径拖曳鼠标即可。

5. 范围

用来设置鼠标与现有路径在多大距离之内，才能使用画笔工具编辑路径。该选项仅在选择了"编辑所选路径"选项时才可用。

图6-4 选择该项

图6-5 取消选择

图6-6 新建画笔

三、创建画笔

如果Illustrator提供的画笔不能完全满足要求，用户可以创建自定义的画笔。

1. 设置画笔类型

在新建画笔前首先要设置画笔类型，操作方法是：单击"画笔"面板中的新建画笔按钮，或执行面板菜单中的"新建画笔"命令，打开"新建画笔"对话框（图6-6），在该对话框中即可选择一个画笔类型。选择画笔类型后，单击"确定"按钮，可以打开相应的画笔选项对话框，设置好参数，单击"确定"按钮即可完成自定义的画笔的创建，画笔会保存到"画笔"面板中（图6-7）。在应用新建的画笔时，可以在"描边"面板或控制面板中调整画笔描边的粗细。

如果要创建散点画笔、艺术画笔和图案画笔，则必须先创建要使用的图形，并且该图形不能包含渐变、混合、画笔描边、网格、位图图像、图表、置入的文件和蒙版。此外，对于艺术画笔和图案画笔，图稿中不能包含文字。如果要包含文字，可先将文字转换为轮廓，再使用轮廓图形创建画笔。

2. 创建书法画笔

如果要创建书法画笔，可以在"新建画笔"对话框中选择"书法画笔"选项（图6-8）。

3. 创建散点画笔

创建散点画笔前，先要制作创建画笔时使用的图形（图6-9）。选择该图形后，单击"画笔"面板中的新建画笔按钮，在对话框中选择"散点画笔"选项（图6-10）。

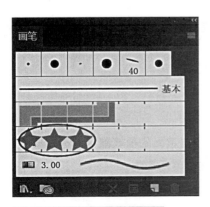

图6-7 保存到"画笔"面板

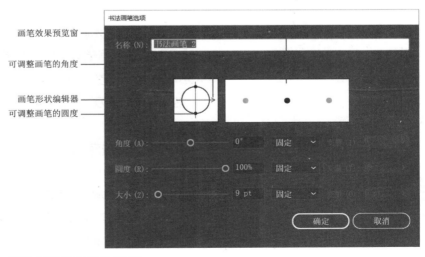

图6-8 "书法画笔"选项

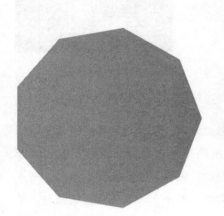

图6-9　制作图形

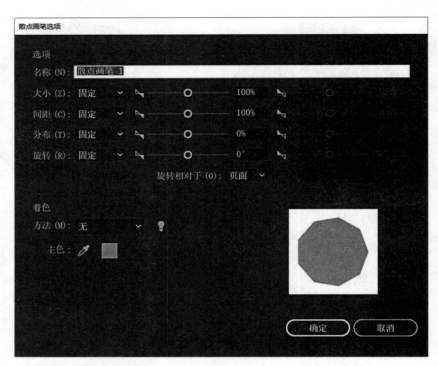

图6-10　选择"散点画笔"

4. 创建毛刷画笔

毛刷画笔可以创建带有毛刷的自然画笔的外观，模拟出使用实际画笔和媒体效果（如水滴颜色）的自然和流体画笔描边。

5. 创建图案画笔

图案画笔的创建方法与前面几种画笔有所不同，由于要用到图案，因此，在创建画笔前，先要创建图案，再将其拖曳到"色板"面板中（图6-11），然后单击"画笔"面板中的新建画笔按钮，在弹出的对话框中选择"图案画笔"选项（图6-12）。

6. 创建艺术画笔

创建艺术画笔前，先要有用作画笔的图形（图6-13），将它选择，然后单击"画笔"面板中的"新建画笔"按钮，在弹出的对话框中选择"艺术画笔"选项（图6-14）。

四、编辑画笔

Illustrator提供的预设画笔以及用户自定义的画笔都可以进行修改，包括缩放、替换和更新图形，重新定义画笔图形等。

1. 缩放画笔描边

（1）打开素材。使用选择工具选择添加画笔描边的对象（图

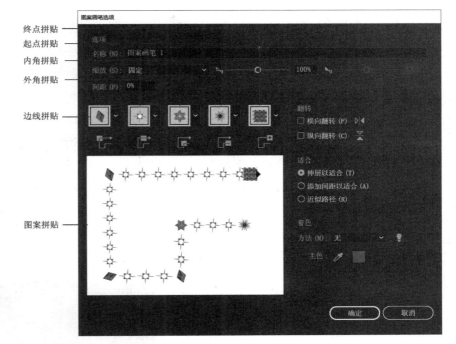

终点拼贴
起点拼贴
内角拼贴
外角拼贴
边线拼贴
图案拼贴

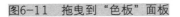

图6-11　拖曳到"色板"面板

图6-12　"图案画笔"选项

图6-13　素材

图6-14　"艺术画笔"选项

6-15）。在默认情况下，通过拖曳定界框上的控制点缩放对象时，描边的比例保持不变（图6-16）。

（2）如果想要同时缩放对象和画笔描边，可在选择对象后，双击比例缩放工具，打开"比例缩放"对话框，设置缩放参数并勾选"比例缩放描边和效果"选项（图6-17、图6-18）。

（3）如果想要单独缩放描边，而不影响对象，可在选择对象后，单击"画笔"面板中的所选对象的选项按钮，在打开的对话框中设置缩放比例（图6-19、图6-20）。

2. 将画笔描边转换为轮廓

选择一条用画笔工具绘制的线条，或选择添加了画笔描边的路径（图6-21），执行"对象→扩展外观"命令，可以将画笔描边扩展为轮廓（图6-22）。为对象添加画笔描边后，如果想要编辑用画笔绘制的线条上的各个组件，可通过这种方式将画笔描边转换为轮廓路径，然后再修改各个组件。

3. 反转描边方向

为路径添加画笔描边后，使用钢笔工具单击路径的端点（图6-23），可以翻转画笔描边的方向（图6-24）。

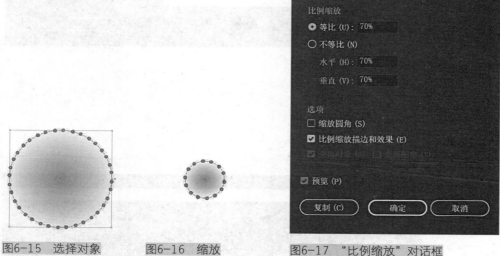

图6-15　选择对象　　　图6-16　缩放　　　　图6-17　"比例缩放"对话框　　　　图6-18　效果

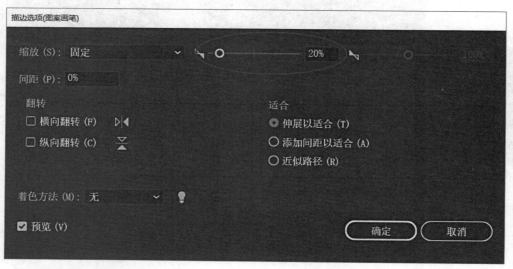
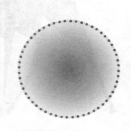

图6-19　设置缩放比例　　　　　　　　　　　　　　　　　图6-20　效果

图6-21 选择路径

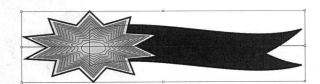

图6-22 扩展外观

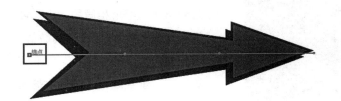

图6-23 单击路径端点

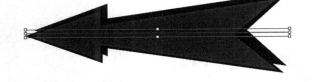

图6-24 翻转画笔描边方向

－ 补充要点 －

删除画笔的方法

　　如果要删除当前文档中所有未使用的画笔，可以执行"画笔"面板菜单中的"选择所有未使用的画笔"命令，选择这些画笔，再单击"画笔"面板中的删除按钮将其删除。如果要删除一个或几个画笔，可按住Ctrl键单击这些画笔，将它们选择，然后再将它们拖到删除按钮上进行删除。

第二节　图案

　　图案可用于填充图形的内部，也可进行描边。在Illustrator中创建的任何图形，以及位图图像等都可以定义为图案。用作图案的基本图形可以使用渐变、混合和蒙版等效果。此外，Illustrator还提供了大量的预设图案，可以直接使用。

一、"图案选项"面板

　　使用"图案选项"面板可以创建和编辑图案，即使是复杂的无缝拼贴图案，也能轻松制作出来。创建好用于定义图案的对象后将其选择（图6-25），执行"对象→图案→建立"命令，打开"图案选项"面板（图6-26）。

1. 图案拼贴工具

　　单击该工具后，画面中央的基本图案周围会出现定界框（图6-27），拖曳控制点可以调整拼贴间距（图6-28）。

2. 名称

　　用来输入图案的名称。

3. 拼贴类型

可以选择图案的拼贴方式
（图6-29）。

4. 宽度/高度

可以调整拼贴图案的宽度和
高度。

5. 将拼贴调整为图稿大小

勾选该项后，可以将拼贴调
整到与所选图形相同的大小。如
果要设置拼贴间距的精确数值，
可勾选该项，然后在"水平间
距"和"垂直间距"选项中输入
数值。

图6-26 "图案选项"面板

图6-25 选择对象

图6-27 出现定界框

图6-28 调整拼贴间距

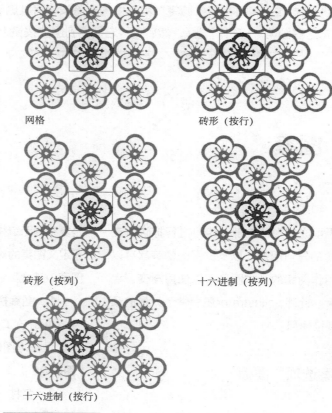

网格　　　　　　　　　　砖形（按行）

砖形（按列）　　　　　　十六进制（按列）

十六进制（按行）

图6-29 拼贴类型

6. 重叠

如果将"水平间距"和"垂直间距"设置为负值，则图形会产生重叠，按下该选项中的按钮，可以设置重叠方式。

7. 份数

可以设置拼贴数量，包括3×3、5×5和7×7等选项。

8. 副本变暗至

可以设置图案副本的显示程度。

9. 显示拼贴边缘

勾选该项，可以显示基本图案的边界框（图6-30）。取消勾选，则隐藏边界框（图6-31）。

图6-30 显示边界框

二、将图形的局部定义为图案

（1）打开素材（图6-32），使用矩形工具绘制一个矩形，无填色、无描边（图6-33）。该矩形用来定义图案范围，即只将矩形范围内的图像定义为图案。

（2）执行"对象→排列→置为底层"命令，将矩形调整到最后方。使用选择工具单击并拖出一个选框，将图案图形与矩形框同时选择（图6-34），然后拖曳到"色板"面板中创建为图案（图6-35）。

图6-31 隐藏边界框

图6-32 打开素材

图6-33 绘制矩形

图6-34 同时选择

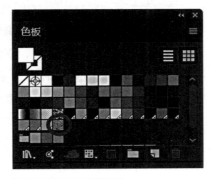

图6-35 创建为图案

图6-36 打开素材

属性	Ctrl+F11	VisiBone2		参考
库		Web		
拼合器预览		中性		对齐
描边(K)	Ctrl+F10	儿童物品		
文字	>	公司		
文档信息(M)		图案	>	基本图形 >
渐变	Ctrl+F9	大地色调		自然 >
画板		庆祝		装饰 >
画笔(B)	F5	渐变 >		
符号	Shift+Ctrl+F11	科学 >		
色板(H)		系统 (Macintosh)		
资源导出		系统 (Windows)		
路径查找器(P)	Shift+Ctrl+F9	纺织品		快速
透明度	Shift+Ctrl+F10	肤色		
链接(I)		自然 >		
颜色	F6	色标簿 >		
颜色主题		艺术史 >		
颜色参考	Shift+F3	金属		
魔棒		颜色属性 >		
图形样式库	>	食品 >		
画笔库	>	默认色板 >		路径
符号库	>	用户定义 >		
色板库	>	其它库(O)...		

图6-37 打开下拉菜单

三、使用图案库

（1）打开素材（图6-36），打开"窗口→色板库→图案"下拉菜单（图6-37），菜单中包含的是Illustrator提供的各种预设的图案库。

（2）在图案库中选择一个图案类别，它会出现在一个单独的面板中，单击其中的一个图案，即可为图形填充该图案（图6-38、图6-39）。

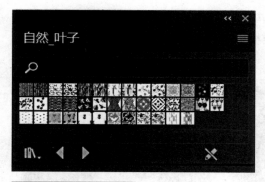

自然_叶子

图6-38 单击一个图案

图6-39 填充该图案

- 补充要点 -

为对象变换图案

选择填充了图案的对象，双击任意变换工具（移动、旋转、镜像、比例缩放和倾斜等工具），在打开的变换对话框中设置变换参数并选择"图案"选项，可以按照指定的参数变换图案。

本章小结

　　画笔工具和"画笔"面板是Illustrator中可以实现绘画效果的主要工具。我们可以使用画笔工具徒手绘制线条，也可以通过"画笔"面板为路径添加不同样式的画笔描边，来模拟毛笔、钢笔和油画笔等笔触效果。图案在服装设计、包装和插画中的应用比较多。使用"图案选项"面板可以创建和编辑图案，在练习中选择一批中国传统古典图案，将其制作成画笔素材，以备后用。

课后练习

1. Illustrator中的画笔有哪些作用？"画笔"面板中包含了哪几种类型的画笔？

2. 新建画笔和设置画笔类型的先后顺序是怎样的？叙述设置画笔类型的操作方法。

3. 图案画笔的创建与其他类型画笔的创建有什么不同？

4. 在Illustrator中用画笔绘制一段线条，将其描边转换为轮廓。

5. 挑选一张模特照片，使用图案库中的图案将模特的服装图案进行替换。

6. 选择祖国知名景点，将风景转换设计为图案，依次设计4～6种图案，储存在Illustrator备用。

第七章
文字的创建与编辑

 PPT 课件
 案例素材
 教学视频

学习难度：★★★☆☆
重点概念：文字、编辑、格式、效果、功能

◣ **章节导读**

　　在进行各种艺术设计时，尤其是平面设计，文字是不可缺少的重要组成部分，它不仅起着传达信息的作用，还能美化设计的版面，强化设计的主题。Illustrator的文字功能非常强大，它支持Open Type字体和特殊字形，可以调整字体大小、间距、控制行和列及文本块等，无论是设计各种字体，还是进行排版，都能应对自如。

第一节　创建文字

　　在Illustrator中，用户可以通过点文字、段落文字和路径文字3种方法输入文字（图7-1）。点文字会从单击位置开始，随着字符输入沿水平或垂直线扩展；区域文字（也称段落文字）会利用对象边界来控制字符排列；路径文字会沿开放或封闭路径的边缘排列文字。

星星指的是肉眼可见的宇宙中的天体。
星星内部的能量的活动使星星变得形状不规则。

（a）点文字

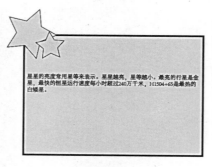

（b）段落文字

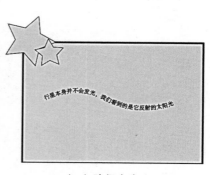

（c）路径文字

图7-1　文字

一、文字工具

Illustrator的工具面板中包含7种文字工具（图7-2）。文字工具和直排文字工具可以创建水平或垂直方向排列的点文字和区域文字；区域文字工具和垂直区域文字工具可以在任意的图形内输入文字；路径文字工具和垂直路径文字工具可以在路径上输入文字；修饰文字工具可以创造性地修饰文字，创建美观而突出的信息。

图7-2　文字工具界面

二、创建点文字

点文字是指从单击位置开始随着字符输入而扩展的一行或一列横排或直排文本。每行文本都是独立的，在对其进行编辑时，该行会扩展或缩短，如果要换行，需要按下Enter（回车）键。这种方式非常适合输入标题等文字量较少的文本。

（1）打开素材（图7-3）。选择文字工具或直排文字工具，在控制面板中设置字体和文字大小（图7-4）。

（2）将光标放在画面中，光标变成文字插入指针，靠近这个文字插入指针底部的短水平线标出了该行文字的基线位置，文本都将位于基线上。单击鼠标，单击处会变为闪烁的文字输入状态（图7-5），此时可输入文字（图7-6）。

（3）按下Esc键，或单击工具面板中的其他工具，可结束文字的输入。

三、创建区域文字

区域文字也称段落文字，它利用对象的边界来控制字符排列，既可以横排，也可以直排，当文本到达边界时，会自动换行。如果要创建包

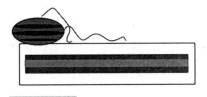
图7-3　素材

图7-4　控制面板

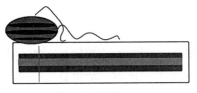
图7-5　文字输入状态

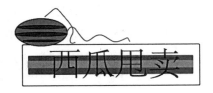
图7-6　展示效果

图7-7　素材

图7-8　将光标放
在路径上

图7-9　文本状态

图7-10　沿路径排列

图7-11　创建路径文字

图7-12　置入文本更多选项

含一个或多个段落的文本，例如用于宣传册之类的印刷品时，采用这种输入方式非常方便。

四、创建路径文字

路径文字是指沿着开放或封闭的路径排列的文字。当水平输入文本时，字符的排列会与基线平行，垂直输入文本时，字符的排列会与基线垂直。

（1）打开素材（图7-7）。

（2）选择路径文字工具（或直排路径文字工具），在控制面板中设置文字的颜色和大小等属性。将光标放在路径上（图7-8），单击鼠标，删除对象的填色和描边，此时路径上会呈现闪烁的文本输入状态（图7-9）。

（3）输入文字，文字会沿该路径排列（图7-10）。按下Esc键结束文字的输入状态，即可创建路径文字（图7-11）。

五、从其他程序中导入文字

在Illustrator中，用户可以将其他程序创建的文本导入图稿中使用。与直接拷贝文字然后粘贴到Illustrator中相比，导入的文本可以保留字符和段落格式。

1. 将文本导入新建的文档中

执行"文件→打开"命令，在"打开"对话框中选择要打开的文本文件，单击"打开"按钮，可以将文本导入到新建的文件中。

2. 将文本导入现有的文档中

执行"文件→置入"命令，在打开的对话框中选择要导入的文本文件，单击"置入"按钮即可将其置入当前文件中。如果置入的是纯文本（.txt）文件，则可以指定更多的选项（图7-12），包括用以创建文件的字符集和平台。"额外回车符"选项可以确定Illustrator在文件中如何处理额外的回车符。如果希望Illustrator用制表符替换文件中的空格字符串，可以选择"额外空格"选项，并输入要用制表符替换的空格数，然后单击"确定"按钮。

六、导出文字

使用文字工具选择要导出的文本（图7-13），执行"文件→导出"命令，打开"导出"对话框，选择文件位置并输入文件名，选择文本格式（TXT）（图7-14），单击"导出"按钮即可导出文字。

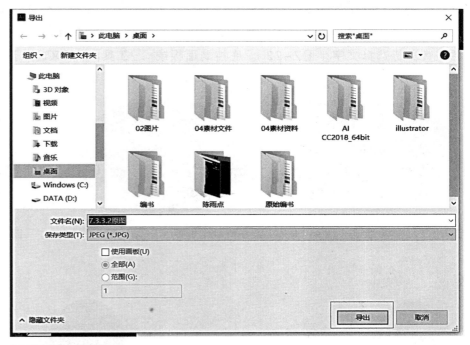

图7-13　选择文本　　　　图7-14　单击导出

第二节　编辑文字

对文字进行编辑，可以制作出丰富多样的文字形式，满足不同的设计需要。

一、选择、修改和删除文字

在对文本或文本中的字符进行编辑之前，首先要将需要编辑的文字选择。

1. 选择文本对象

如果要修改文本对象中所有的字符属性，如填色、描边和不透明度等，应首先选择该文字对象。使用选择工具单击文本，即可选择整个文本对象（图7-15）。选择文本对象后，可以进行移动、旋转与缩放操作（图7-16、图7-17）。

2. 使用修饰文字工具

（1）打开素材。使用修饰文字工具单击一个文字，所选文字上会出现定界框（图7-18），拖曳控制点可以对文字进行缩放（图7-19）。

（2）使用修饰文字工具拖动控制点还可以进行旋转、拉伸和移动等操作，从而生成美观而突出的信息（图7-20、图7-21）。

3. 修改和删除文字

（1）打开素材。使用文字工具在文字上单击并拖曳鼠标选择文字（图7-22）。在控制面板或"字符"面板中修改字体、大小和颜色等属性（图7-23）。

（2）输入文字可修改所选文字内容（图7-24）。在文本中单击，可在单击处设置插入点，此时输入文字可在文本中添加文字（图7-25）。

（3）如果要删除部分文字，可以将它们选择，然后按下Delete键。

4. 删除空文字对象

在Illustrator中绘图时，如果无意中单击了文字工具，然后又选择了另一种工具，就会创建空文字对

图7-15　文本对象

图7-16　旋转

图7-17　缩放

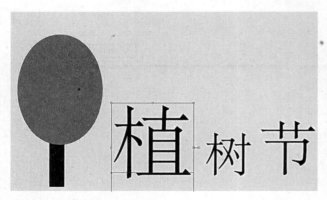

图7-18　定界框

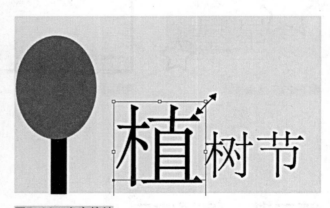

图7-19　文字缩放

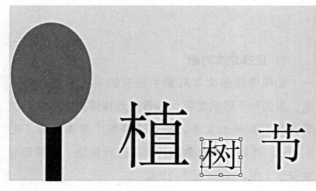

图7-20　拉伸

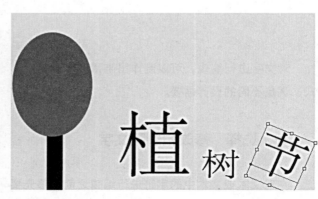

图7-21　旋转

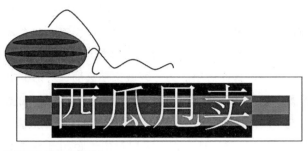

图7-22 选择文字

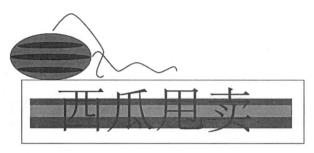

图7-23 修改大小、颜色

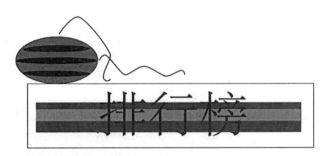

图7-24 选择文字内容

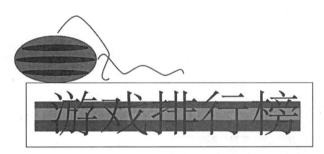

图7-25 添加文字

象。使用"对象→路径→清理"命令，可以删除文档中空的文本框和文本路径。删除这些对象可让图稿打印时更加顺畅，同时还可以减小文件大小。

二、编辑区域文字

区域文字会将文字内容限定在一定的区域中，对文本区域进行编辑时会影响文字内容的显示与排列方式。

1. 设置区域文字选项

使用选择工具选择区域文字，执行"文字→区域文字选项"命令，打开"区域文字选项"对话框（图7-26）。

（1）宽度/高度。可以调整文本区域的大小。如果文本区域不是矩形，则这些值将用于确定对象边框的尺寸。

（2）"行"选项组。如果要创建文本行，可在

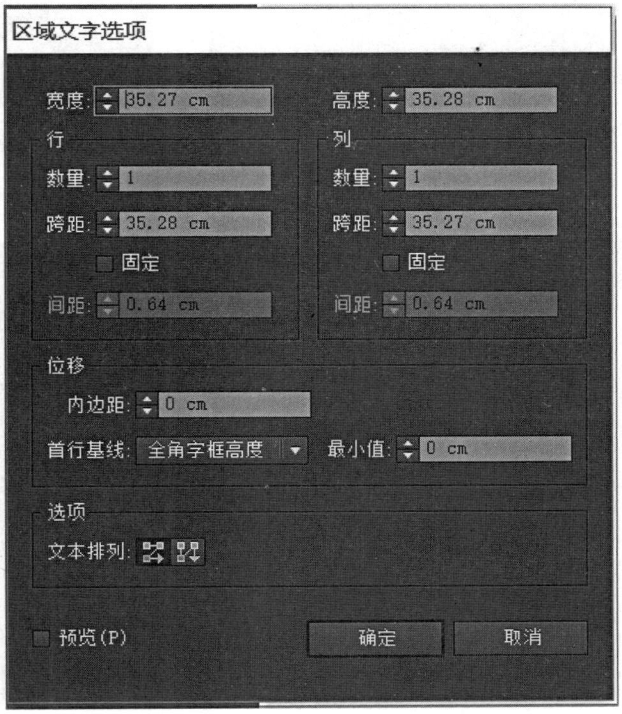

图7-26 区域文字选项对话框

"数量"选项内指定希望对象包含的行数，在"跨距"选项内指定单行的高度，在"间距"选项内指定行与行的间距。如果要确定调整文字区域大小时行高的变化情况，可通过"固定"选项来设置。选择该选项后，调整区域大小时，只会改变行数和栏数，不会改变高度。如果希望行高随文字区域的大小而变化，则应取消选择此选项。下图为原区域文字（图7-27），在"区域文字选项"对话框中设置参数（图7-28），获得创建的文本行（图7-29）。

（3）"列"选项。如果要创建文本列，可在"数量"选项内指定希望对象包含的列数，左"跨距"选项内指定单列的宽度，在"间距"选项内指定列与列之间的间距。如果要确定调整文字区域大小时列宽的

变化情况，可通过"固定"选项来设置。选择该选项后，调整区域大小时，只会改变行数和栏数，而不会改变宽度。如果希望栏宽随文字区域的大小而变化，则应取消选择此选项。为"区域文字选项"对话框中设置参数（图7-30），创建文本列（图7-31），如图7-32所示为同时设置了文本行和文本列的文本效果。

（4）"位移"选项组。可以对内边距和首行文字的基线进行调整。在区域文字中，文本和边框路径之间的边距被称为内边距。在"内边距"选项中输入数值，可以改变文本区域的边距。图7-33、图7-34分别为无内边距的文字和有内边距的文字。在"首行基线"选项下拉列表中可以选择一个选项，来控制第一行文本与对象顶部的对齐方式。例如，可以使文字紧

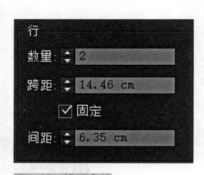

图7-27　原区域文字　　　　图7-28　设置参数　　　　图7-29　创建的文本行

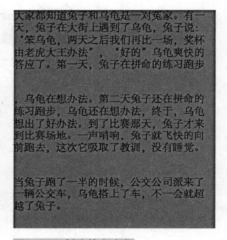

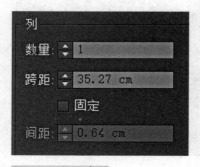

图7-30　设置参数　　　　图7-31　创建文本列　　　　图7-32　文本效果

贴对象顶部，也可从对象顶部向下移动一定的距离。这种对齐方式被称为首行基线位移。在"最小值"文本框中，可以指定基线位移的最小值。

（5）文本排列。用来设置文本流的走向，即文本的阅读顺序。单击按钮，文本按行从左到右排列（图7-35），单击按钮，文本按列从左到右排列（图7-36）。

2. 使标题适合文字、区域的宽度

使用文字工具在文本的标题处单击，进入文字输入状态（图7-37），执行"文字→适合标题"命令，可以让标题适合文字区域的宽度，使之与正文对齐（图7-38）。

3. 文本绕排

文本绕排是指让区域文本围绕一个图形、图像或其他文本排列，得到精美的图文混排效果。创建文本绕排时，应使用区域文本，在"图层"面板中，文字与绕排对象位于相同的图层，且文字层位于绕排对象的正下方。

选择文本绕排对象，执行"对象→文本绕排→文本绕排选项"命令，打开"文本绕排选项"对话框（图7-39）。

（1）位移。用来设置文本和绕排对象的间距。可以输入正值，也可以输入负值。

（2）反向绕排。选择该选项时，可围绕对象反向绕排文本。

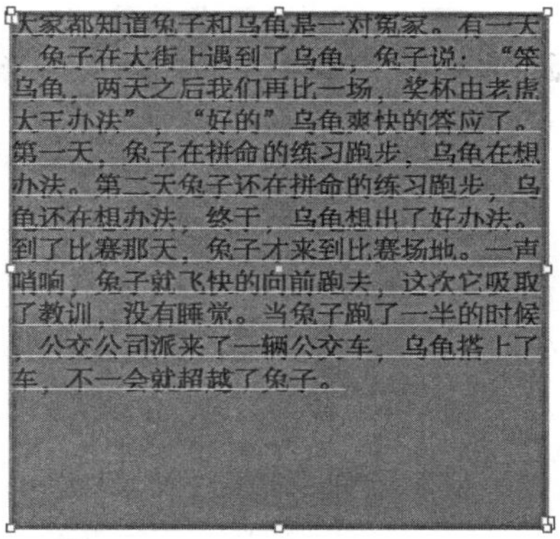

图7-33　无内边距

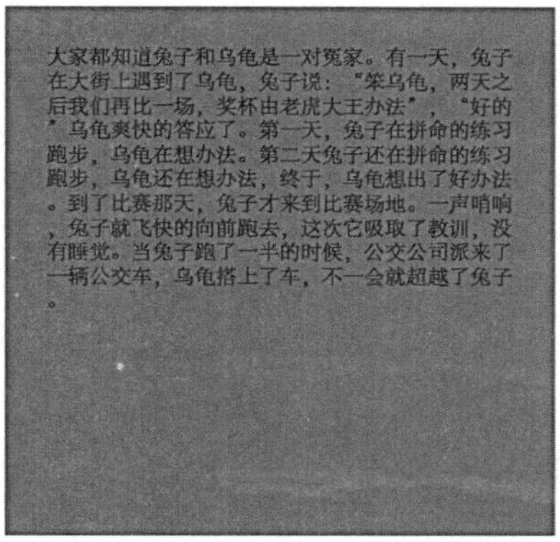

图7-34　有内边距

图7-35　按行从左到右排列

图7-36　按列从左到右排列

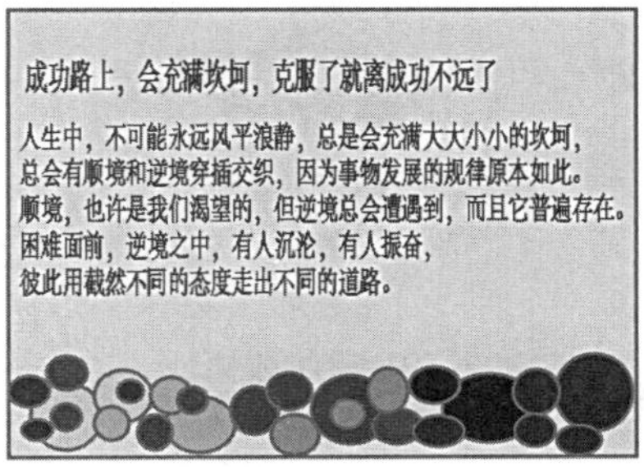

图7-37　文字输入状态

图7-38　标题与正文对齐

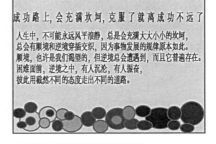

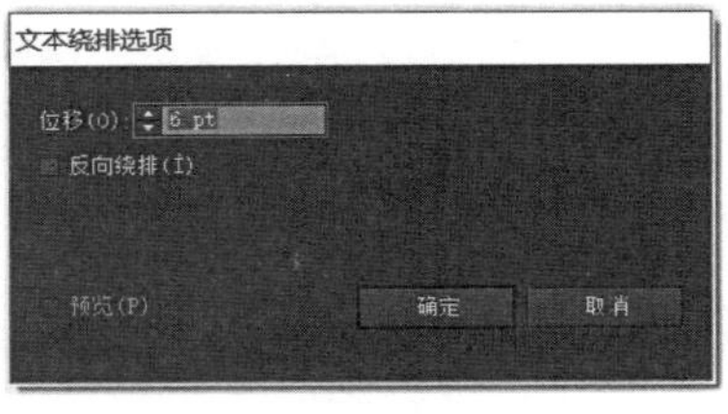

图7-39　文本绕排对话框

三、编辑路径文字

创建路径文字后，可以通过修改路径的形状来改变文字的排列形状，也可以调整文字在路径上的位置。

1. 选择文字路径

使用直接选择工具或编组选择工具在文字的路径上单击，即可选择路径。如果单击字符，则会选择整个文字对象，而非路径。

2. 设置路径文字选项

选择路径文本，执行"文字→路径文字→路径文字选项"命令，打开"路径文字选项"对话框（图7-40）。如果只想改变字符的扭曲方向，可以在"文字→路径文字"下拉菜单中选择所需效果，而不必打开"路径文字选项"对话框。

（1）效果。该选项的下拉列表中包含用于扭曲路径文字字符方向的选项（图7-41）。

（2）对齐路径。用来指定如何将字符对齐到路径。选择"字母上缘"，可沿字体上边缘对齐；选择"字母下缘"，可沿字体下边缘对齐；选择"中央"，可沿字体字母上、下边缘间的中心点对齐；选择"基线"，可沿基线对齐，这是默认的设置。如图7-42所示为选择不同选项的对齐效果。

图7-40　路径文字选项对话框

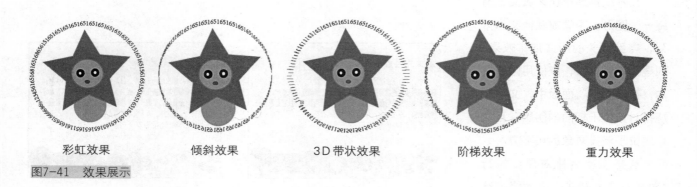

| 彩虹效果 | 倾斜效果 | 3D带状效果 | 阶梯效果 | 重力效果 |

图7-41　效果展示

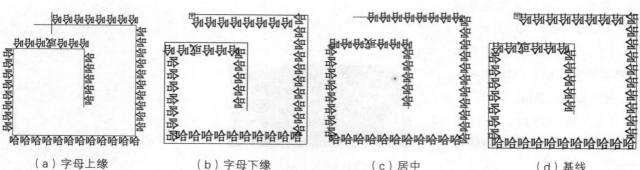

| （a）字母上缘 | （b）字母下缘 | （c）居中 | （d）基线 |

图7-42　效果展示

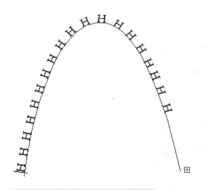

图7-43　调整前的文字效果

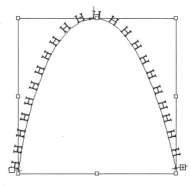

图7-44　调整后的文字效果

（3）间距：当字符围绕尖锐曲线或锐角排列时，因为突出展开的关系，字符之间可能会出现额外的间距。出现这种情况时，可以调整"间距"选项来缩小曲线上字符的间距。设置较高的值，可消除锐利曲线或锐角处的字符间的不必要间距。如图7-43所示为未经间距调整的文字，如图7-44所示为经过间距调整后的文字。

3. 更新旧版路径文字

在Illustrator CC 2020中打开Illustrator 10或更早版本中创建的路径文字时，必须更新后才能进行编辑。使用选择工具选择这样的路径文字，执行"文字→路径文字→更新旧版路径文字"命令，即可进行更新。

第三节　设置文字格式

Illustrator中的文字格式包括字符格式和段落格式以及段落样式等，通过这些设置，能改变文字的大小、距离和形式等。

一、设置字符格式

设置字符格式是指设置字体、大小、间距和行距等属性。创建文字之前或创建文字之后，都可以通过"字符"面板或控制面板中的选项设置字符格式。

1. "字符"面板

使用"字符"面板可以为文档中的单个字符应用格式设置选项（图7-45）。在默认情况下，"字符"面板中只显示最常用的选项，要显示所有选项，可以从面板菜单中选择"显示选项"命令。当选择了文字或文字工具时，也可以使用控制面板中的选项来设置字符格式（图7-46）。

2. 选择字体和样式

单击"字符"面板中设置字体系列选项右侧的三角按钮，在打开的下拉列表中可以选择字体（图7-47）。对于一部分英文字体，还可以继续在"设置字体样式"下拉列表中为它选择一种样式，包括Regular（规则的）、Italic（斜体）、Bold（粗体）和Bold Italic（粗斜体）等（图7-48）。

3. 使用Ty.pekit字体

Adobe公司为Creative Cloud用户提供了一个在线字库网站（https://ty.pekit. com/fonts），在Illustrator中执行"文字→使用Ty.pekit字体"命令，或单击"字符"面板中设置字体系列选项右侧的三角按钮，打开下拉列表，单击"从Ty.pekit添加字体"按钮（图7-49），可以登录该网站（图7-50）。

单击窗口右上角的"SIGN IN"按钮，输入Adobe ID和密码登录网站。单击一张字体卡，可以切换到下一个窗口，查看有关该字体的更多详细信息，包括所有可用粗细和样式的字体样本。单击"Use Fonts（使用字体）"按钮（在弹出的窗口中选择所需的样式），然后单击"Sync Selected Fonts（同步选定字体）"按钮，这些字体将同步到所有Creative Cloud应用程序上，并与本地安装的其他字体一同显示。需要使用时，可单击"字符"面板中设置字体系列选项右侧的三角按钮，打开下拉列表进行选择。

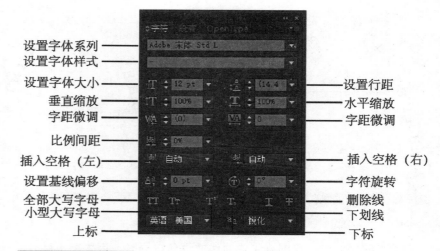

图7-45　"字符"面板

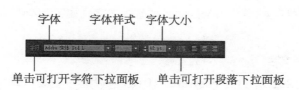

图7-46　控制面板中的选项

图7-47　选择字体

oxygen *oxygen*

regular　　　　　　Italic

oxygen ***oxygen***

Bold　　　　　　Bold Italic

图7-48　设置字体样式

图7-49　单击按钮

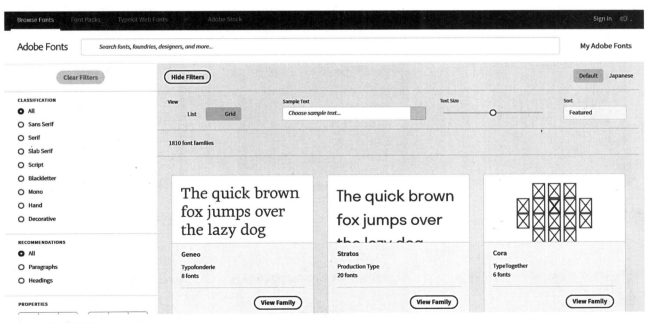

图7-50　登录网站

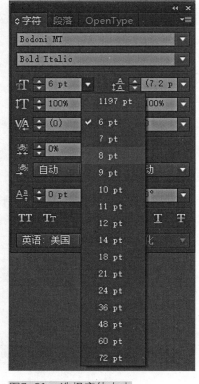

图7-51 选择字体大小

4．设置字体大小

在"字符"面板设置字体大小选项右侧的文本框中输入字体大小数值并按下Enter（回车）键，或单击该选项右侧的三角按钮，在打开的下拉列表中可以选择字体大小（图7-51）。

5．缩放文字

选择需要缩放的字符或文本，在"字符"面板中设置水平缩放和垂直缩放选项，可以对文字进行缩放。如果水平缩放和垂直缩放的比例相等，可进行等比缩放。创建原文字（图7-52），图7-53、图7-54分别为等比缩放效果和不等比缩放效果。

6．设置行距

在文本对象中，行与行之间的垂直间距称为行距。在"字符"面板的设置行距选项中可以设置行距。默认为"自动"，此时行距为字体大小的120%，如10点的文字使用12点的行距，该值越高，行距越宽。如图7-55、图7-56所示为文字大小为16pt时，分别设置行距为16pt和23pt的文本效果。

7．字距微调

字距微调是增加或减少特定字符的间距的过程。使用任意文字工具在需要调整字距的两个字符中间单击，进入文本输入状态（图7-57），

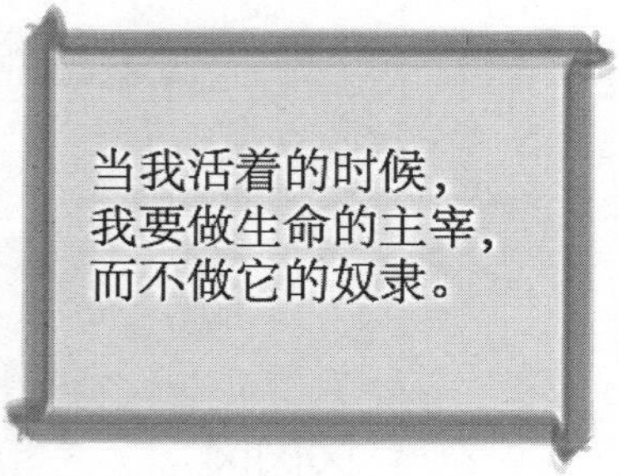

图7-52 原文字

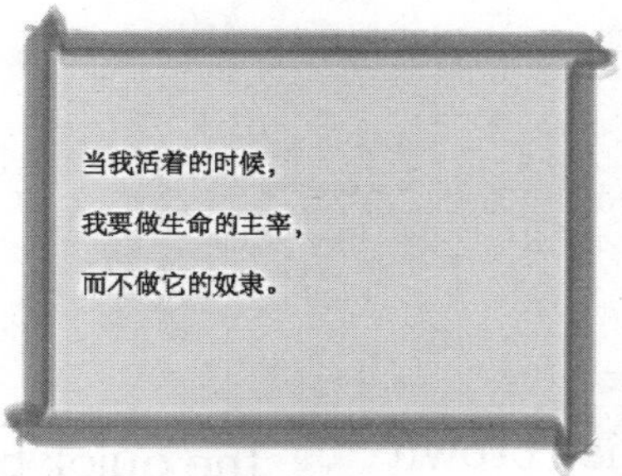

图7-53 等比缩放

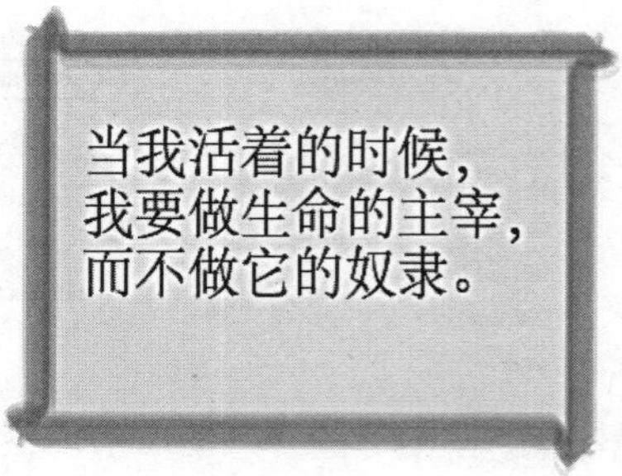

图7-54 不等比缩放

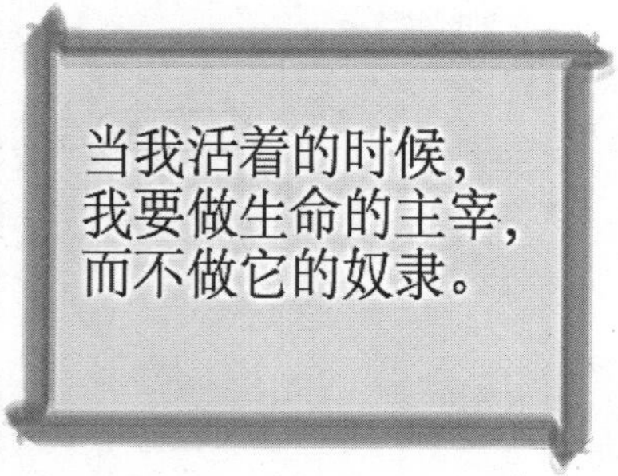

图7-55 16pt

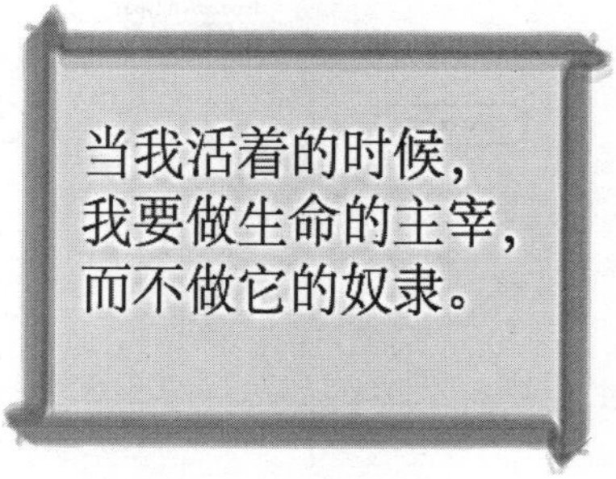

图7-56 23pt

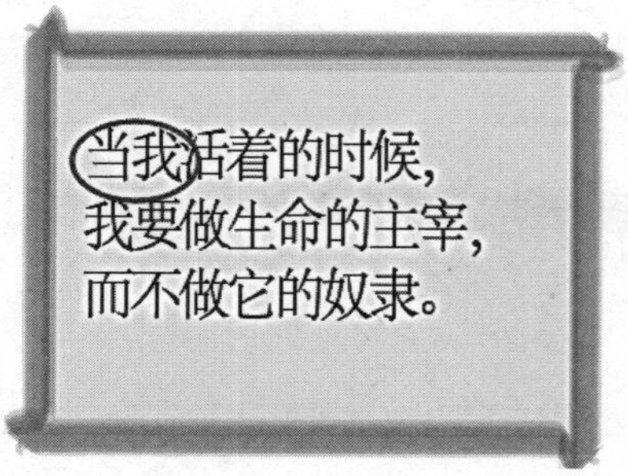

图7-57 文本输入状态

在"字符"面板的字偶间距调整选项中可以调整两个字符间的字距。该值为正值时，可以加大字距（图7-58），为负值时，减小字距（图7-59）。

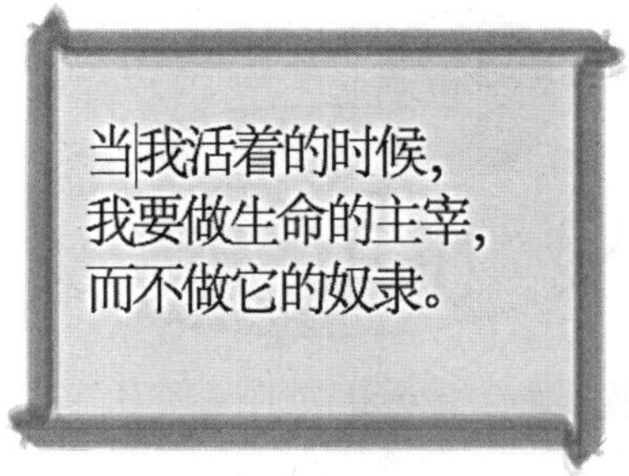

8. 字距调整

字距调整可以放宽或收紧文本中的字符间距。选择需要调整的部分字符或整个文本对象后，在字符间距调整选项中可以调整所选字符的字距。该值为正值时，字距变大（图7-60），为负值时，字距变小（图7-61）。

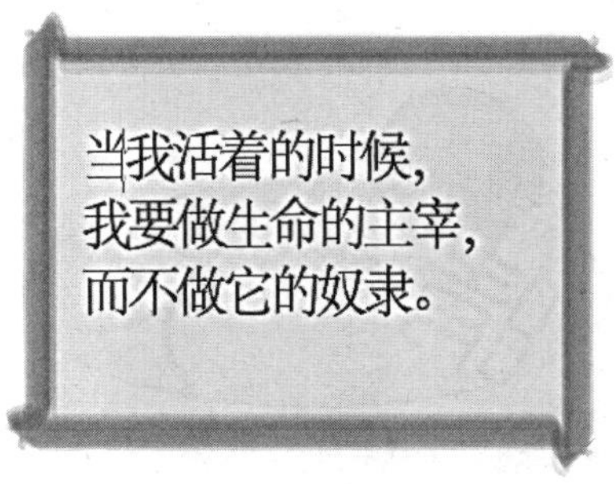

9. 基线偏移

基线是大多数字符排列于其上的一条不可见的直线。选择要修改的字符或文字对象，在"字符"面板的设置基线偏移选项中输入正值，可以将字符的基线移到文字行基线的上方，输入负值则会将基线移到文字基线的下方。如图7-62所示为设置不同基线偏移值的文字效果。

10. 旋转文字

选择字符或文本对象后，可以在"字符"面板的字符旋转选项中设置文字的旋转角度。如图7-63、图7-64所示分别为原文本及旋转文字后的效果。如果要旋转整个文字对象，可以选择文字对象，然后拖曳定界框，也可使用旋转工具、"旋转"命令或"变换"面板来操作。

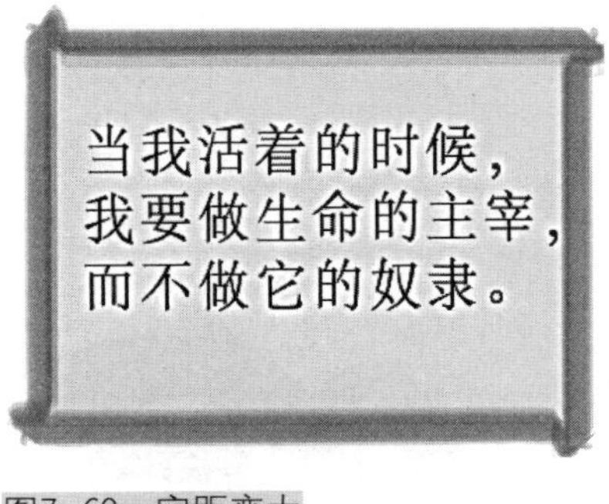

图7-58　字距加大

图7-59　字距减小

图7-60　字距变大 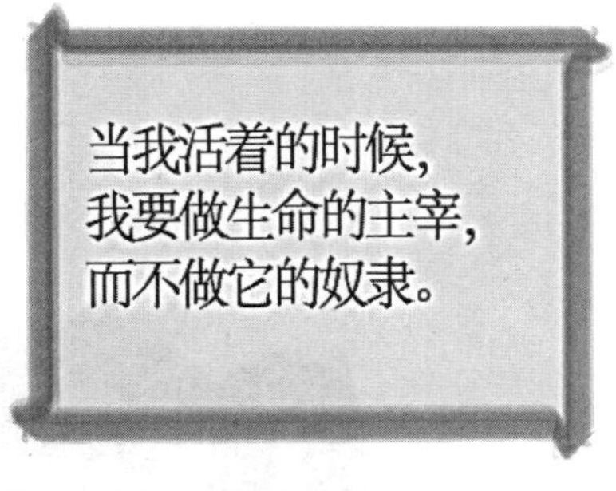　　图7-61　字距变小

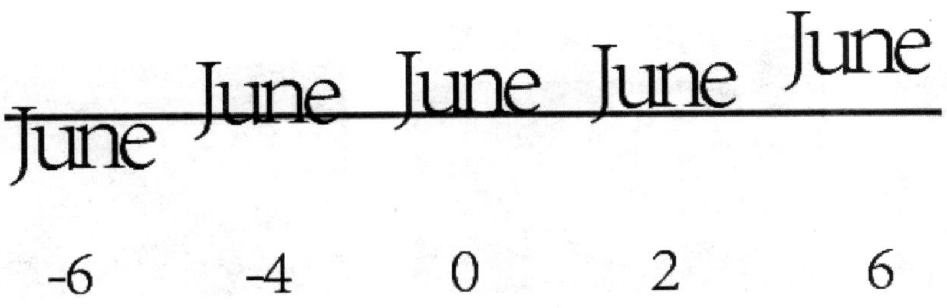

图7-62　设置不同基线偏移值的文字效果

图7-63　原文本

11. 添加特殊样式

"字符"面板中的一排"T"状按钮可以创建特殊的文字样式（图7-65）。所示括号内的"a"为按下各按钮后的文字效果（图7-66）。其中，"全部大写字母/小型大写字母"可以对文字应用常规大写字母或小型大写字母；"上标/下标"可缩小文字，并相对于字体基线升高或降低文字；"下划线/删除线"可以为文字添加下划线，或者在文字的中央添加删除线。

12. 设置消除锯齿方法

选择文本对象，单击"字符"面板的设置消除锯齿方法选项右侧的三角按钮，在打开的下拉列表中可以选择一种方法来消除文本的锯齿，使文字边缘更清晰。这些消除文本锯齿属性将作为文档的一部分保存。PDF、AIT和EPS格式同样支持这些选项。

13. 设置文字的填色和描边

选择文字后，可以在控制面板、"色板""颜色"和"颜色参考"等面板中修改文字的颜色（图7-67）。图案可用来填充或描边文字（图7-68）。渐变颜色只有在文字转换为轮廓时才能使用（图7-69）。

图7-64　旋转文字之后的效果图

图7-65　特殊的文字样式

全部大写字母（A）　　　小型大写字母（A）
上标（a）下标（a）下划线（a）删除线（a）

图7-66　各按钮按下的文字效果

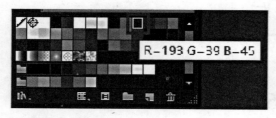

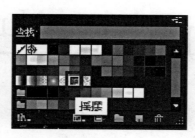

R-193 G-39 B-45

图7-67　修改颜色

图7-68　图案填充

图7-69　渐变

二、设置段落格式

段落格式是指段落的各种属性，包括段落的对齐与缩进、段落的间距和悬挂标点等。"段落"面板可以设置段落格式。

1."段落"面板

执行"窗口→文字→段落"命令，打开"段落"面板（图7-70）。当选择了文字或文字工具时，也可以在控制面板中设置段落格式（图7-71）。选择文本对象后，可以设置整个文本的段落格式。如果选择了文本中的一个或多个段落，则可单独设置所选段落的格式。

2. 对齐文本

选择文字对象或在要修改的段落中单击鼠标插入光标，单击"段落"面板上方的一个按钮即可对齐段落。

3. 缩进文本

缩进是指文本和文字对象边界间的间距量，它只影响选中的段落，因此，文本包含多个段落时，每个段落都可以设置不同的缩进量。

使用文字工具单击要缩进的段落（图7-72），在"段落"面板的左缩进选项中输入数值，可以使文字向文本框的右侧边界移动（图7-73）。在右缩进选项中输入数值，可以使文字向文本框的左侧边界移动（图7-74）。

如果要调整首行文字的缩进，可以在首行左缩进选项中输入数值。输入正值时，文本首行向右侧移动（图7-75）；输入负值时，向左侧移动（图7-76）。

4. 调整段落间距

选择整个段落文字，或在要修改的段落中单击鼠标，插入光标（图7-77）。在"段落"面板的段前间距选项中输入数值，可以在段落前添加额外的间隔，

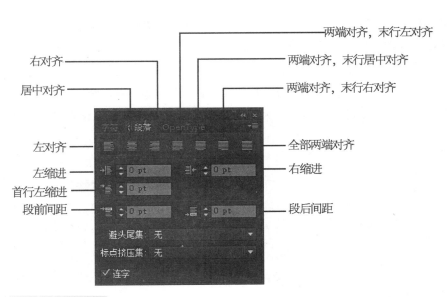

图7-70　段落面板

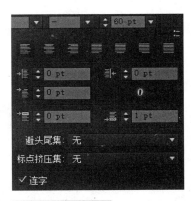

图7-71　控制面板

图7-72　单击段落

图7-73　向右侧边界移动文字

从而加大该段落与上一段落的间距（图7-78）。在段后间距选项中输入数值，则可在段落后添加额外的间隔，加大该段落与下一段落的间距（图7-79）。

5. 避头尾集

不能位于行首或行尾的字符被称为避头尾字符。在"段落"面板中，可以从"避头尾集"下拉列表中选择一个选项，指定中文或日文文本的换行方式。选择"无"，表示不使用避头尾法则；选择"宽松"或"严格"，可避免所选的字符位于行首或行尾。

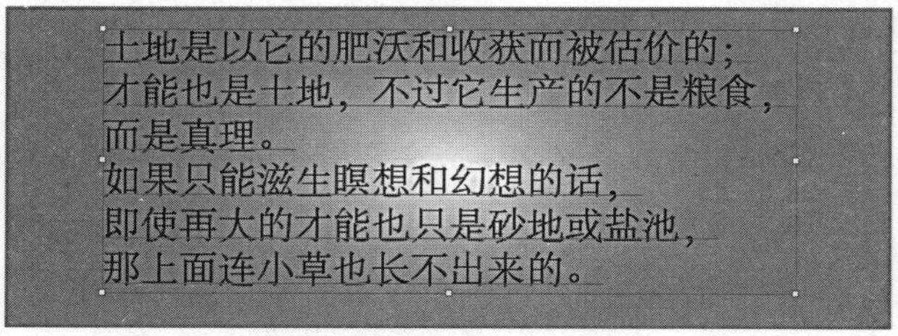

图7-74 向左侧边界移动文字

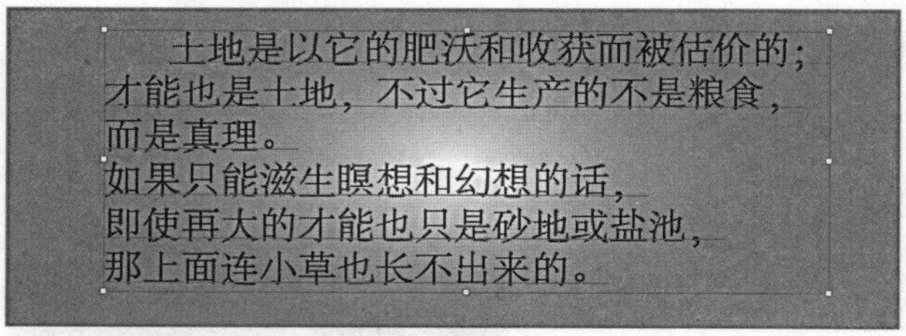

图7-75 文本首行向右侧移动

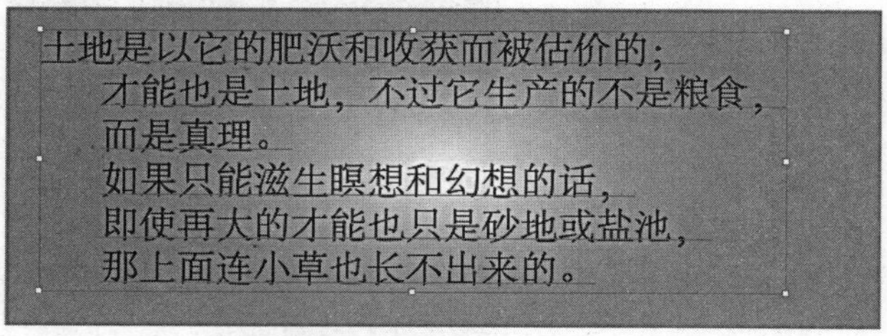

图7-76 文本首行向左侧移动

6. 标点挤压集

标点挤压用于指定亚洲字符、罗马字符、标点符号、特殊字符、行首、行尾和数字的间距，确定中文或日文排版方式。在"段落"面板中，可以从"标点挤压集"下拉列表中选择一个选项来设置标点挤压。

7. 连字符

在将文本强制对齐时，为了对齐的需要，会将某一行末端的单词断开至下一行，使用连字符可以在断开的单词间添加连字标记。如果要使用连字符，可在"段落"面板中选择"连字"选项。连字符连接设置仅适用于罗马字符，而用于中文、日文和韩文字体的双字节字符不受这些设置的影响。

三、使用字符和段落样式

字符样式是许多字符格式属性的集合，可应用于所选的文本。段落样式是包括字符和段落格式的属性集合，可应用于所选的段落。使用字符和段落样式可以节省调整字符和段落属性的时间，并能确保文本格式的一致性。

1. 创建和使用字符样式

（1）打开素材。选择文本（图7-80），设置它的字体、大小和旋转角度等字符属性，设置文字颜色（图7-81、图7-82）。

（2）执行"窗口→文字→字符样式"命令，打开"字符样式"面板，单击创建新样式按钮，将该文本的字符样式保存在面板中（图7-83）。

（3）选择另一个文本对象（图7-84）。单击"字符样式"面板中的字符样式，即可将该样式应用到当前文本中（图7-85、图7-86）。

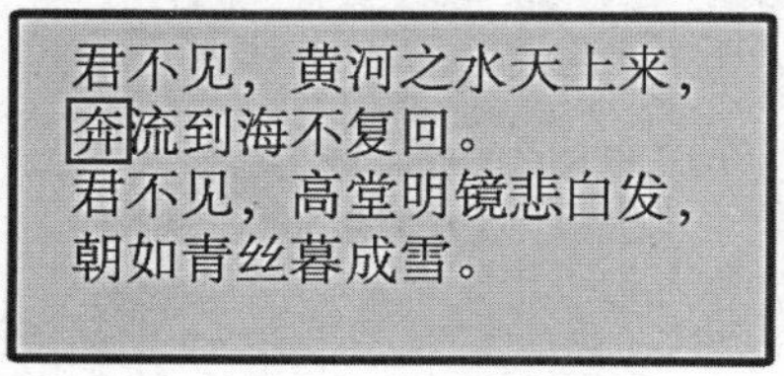

图7-77 插入光标

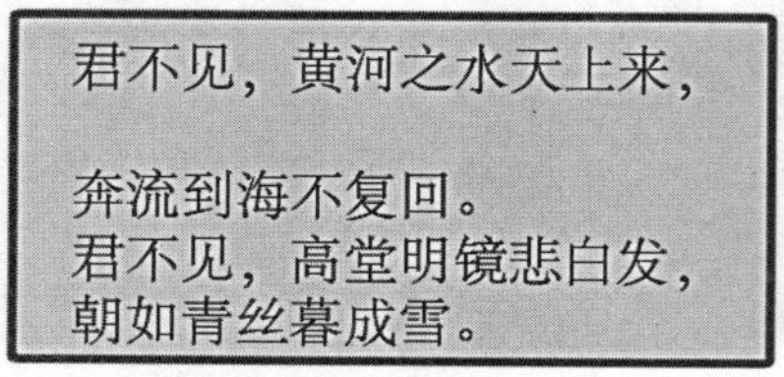

图7-78 加大段落间距一

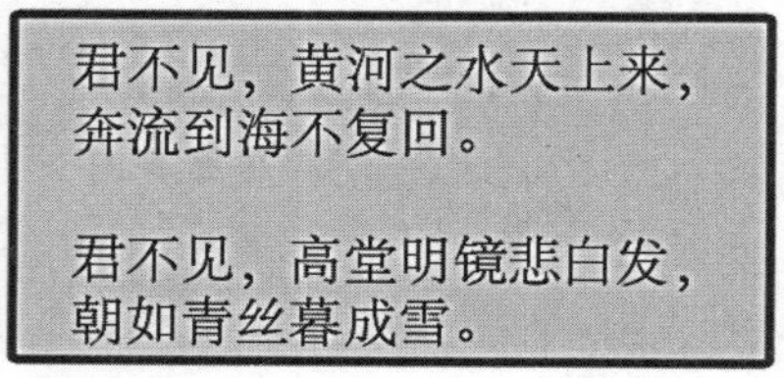

图7-79 加大段落间距二

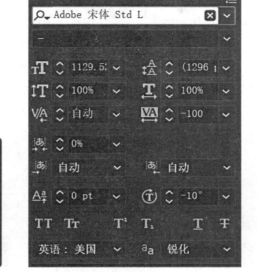

图7-80　选择文本　　　　　　图7-81　设置字符　　　　　　图7-82　设置文字颜色

图7-83　单击创建新样式

2.　创建和使用段落样式

（1）打开素材（图7-87），选择文本（图7-88）。

（2）在"段落"面板中设置段落格式（图7-89、图7-90），执行"窗口→文字→段落样式"命令，打开"段落样式"面板，单击创建新样式按钮，保存段落样式（图7-91）。

图7-84　选择另一个文本对象　　　图7-85　单击字符样式　　　　图7-86　应用到文本中

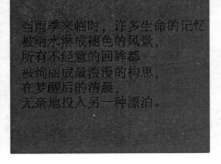

图7-87　素材　　　　　　　　　　　　　　　　　　　　　　　图7-88　选择文本

（3）选择另外一个文本（图7-92），单击"段落样式"面板中的段落样式，即可将该样式应用到所选文本中（图7-93、图7-94）。

3. 编辑字符和段落样式

创建字符样式和段落样式后，可根据需要对其进行修改。在修改样式时，使用该样式的所有文本都会发生改变，以便与新样式相匹配。在"字符样式"面板菜单中选择"字符样式选项"命令，或从"段落样式"面板菜单中选择"段落样式选项"命令，可以打开相应的对话框修改字符和段落样式（图7-95、图7-96）。

4. 删除样式覆盖

如果"字符样式"面板或"段落样式"面板中样式的名称旁边出现"+"号（图7-97、图7-98），则

图7-89　设置格式

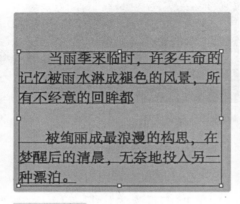

图7-90　效果

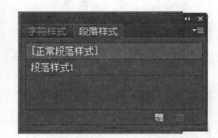

图7-91　单击创建

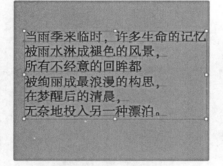

图7-92　选择文本

图7-93　单击格式

图7-94　效果

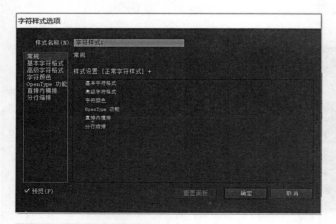

图7-95　"字符样式"面板

图7-96　"段落样式"面板

图7-97　字符样式

图7-98　段落样式

表示该样式具有覆盖样式。覆盖样式是与样式所定义的属性不匹配的格式。例如，字符样式被文字使用后，如果进行了缩放文字或修改文字的颜色等操作，则"字符样式"面板中该样式后面会显示出一个"+"号。

如果要清除覆盖样式并将文本恢复到样式定义的外观，可重新应用相同的样式，或从面板菜单中选择"清除覆盖"命令。如果要在应用不同样式时清除覆盖样式，可按住Alt键单击样式名称。如果要重新定义样式并保持文本的当前外观，应至少选择文本中的一个字符，然后执行面板菜单中的"重新定义样式"命令。如果文档中还有其他的文本使用该字符样式，则它们也会更新为新的字符样式。

- 补充要点 -

使用自定义的名称创建字符样式

要使用自定义的名称创建字符样式，可以执行"字符样式"面板菜单中的"新建样式"命令，在打开的对话框中输入一个名称，然后单击"确定"按钮，双击一个字符样式，可以在显示的文本框中修改它的名称。

第四节　特殊字符和高级文字

在Illustrator中，我们不仅可以进行一些常用文字的创建和编辑，还能通过"字形"面板或"Open Type"面板来设置一些特殊字符，以及进行一些高级文字的设置。

一、设置特殊字符

在编辑文字时，许多字体都包括特殊的字符。根据字体的不同，这些字符可能包括连字、分数字、花饰字、装饰字、序数字、标题和文体替代字、上标和下标字符、变高数字和全高数字。

1. "Open Type"面板

Open Type字体是Windows和Macintosh操作系统都支持的字体文件，因此，使用Open Type字体后，在这两个操作平台间交换文件时，不会出现字体替换或其他导致文本重新排列的问题。此外，Open Type字体还包含风格化字符。例如，花饰字是具有夸张花样的字符；标题替代字是专门为大尺寸设置（如标题文字）而设计的字符，通常为大写；文体替代字是可创建纯美学效果的风格化字符。

选择要应用设置的字符或文字对象，确保选择了一种Open Type字体，执行"窗口→文字→Open Type"命令，打开"Open Type"面板（图7-99）。

（1）标准连字/自由连字。单击标准连字按钮，可以启用或禁用标准字母对的连字。单击"自由连字"按钮，可以启用或禁用可选连字（如果当前字体支持此功能）。连字是某些字母对在排版印刷时的替换字符。

（2）上下文替代字。单击该按钮，可以启用或禁用上下文替代字（如果当前字体支持此功能）。上下文替代字是某些脚本字体中所包含的替代字符，能够提供更好的合并行为。

（3）花饰字按钮。单击该按钮，可以启用或禁用花饰字字符（如果当前字体支持此功能）。花饰字是具有夸张花样的字符。

（4）文体替代字。单击该按钮，可以启用或禁用文体替代字（如果当前字体支持此功能）。文体替代字是可创建纯美学效果的风格化字符。

（5）标题替代字。单击该按钮，可以启用或禁用标题替代字（如果当前字体支持此功能）。标题替代字是专门为大尺寸设置（如标题）而设计的字符，通常为大写。

（6）序数字/分数字。按下序数字按钮，可以用上标字符设置序数字。按下分数字按钮，可以将用斜线分隔的数字转换为斜线分数字。

2. "字形"面板

字形是特殊形式的字符。例知，在某些字体中，大写字母A有几种形式可用，如花饰字或小型大写字母。使用"字形"面板可以查看字体中的字形，并在文档中插入特定的字形。

使用文字工具在文本中单击，设置文字插入点（图7-100），然后执行"窗口→文字→字形"命令，或"文字→字形"命令，打开"字

图7-99　打开面板

形"面板，在面板中双击一个字符，即可将其插入到文本中（图7-101、图7-102）。

在默认情况下，"字形"面板中显示了当前所选字体的所有字形。在面板底部选择一个不同的字体系列和样式可以改变字体（图7-103）。如果在文档中选择了字符，则可以从面板顶部的"显示"菜单中选择"当前所选字体的替代字"来显示替代字符。

在"字形"面板中选择Open Type字体时，可以从"显示"菜单中选择一种类别，将面板限制为只显示特定类型的字形（图7-104）。单击字形框右下角的三角形图标，还可以显示替代字形的弹出式菜单。

3."制表符"面板

执行"窗口→文字→制表符"命令，打开"制表符"面板。"制表符"面板用来设置段落或文字对象的制表位。

（1）制表符对齐按钮。用来指定如何相对于制表符位置对齐文本。

（2）移动制表符。从标尺上选择一个制表位后可进行拖曳。如果要同时移动所有制表位，可按住Ctrl键拖曳制表符。拖曳制表位的同时按住Shift键，可以让制表位与标尺单位对齐。

（3）首行缩排/悬挂缩排。用来设置文字的缩进。

图7-100　设置文字插入点

图7-101　双击字符

图7-102　插入到文本

图7-103　改变字体

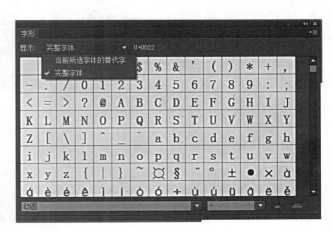

图7-104　选择类别

（4）将面板置于文本上方。单击该按钮，可以将"制表符"面板对齐到当前选择的文本上，并自动调整宽度以适合文本的宽度。

（5）删除制表符。将制表符拖离制表符标尺即可删除。

二、高级文字

Illustrator的文字编辑功能非常强大，例如，可以指定文本的换行方式，设置行尾和数字之间的间距，搜索键盘标点字符并将其替换为相同的印刷体标点字符、查找和替换文字，以及将文字转换为轮廓等。

1. 避头尾法则设置

避头尾法则用于指定中文或日文文本的换行方式。不能位于行首或行尾的字符被称为避头尾字符。执行"文字→避头尾法则设置"命令，打开"避头尾法则设置"对话框（图7-105）。在该对话框中可以为中文悬挂标点定义悬挂字符，定义不能位于行首的字符，或定义超出文字行时不可分割的字符（即不能位于行尾的字符），以及不可分开的字符（Illustrator会推入文本或推出文本，使系统能够正确地放置避头尾字符）。

2. 标点挤压设置

"标点挤压"用于指定亚洲字符、罗马字符、标点符号、特殊字符、行首、行尾和数字之间的间距，确定中文或日文排版方式。执行"文字→标点挤压"命令，打开"标点挤压设置"对话框（图7-106）。单击对话框中的一个选项，可以打开下拉列表修改数值（图7-107）。

3. 智能标点

"智能标点"可以搜索键盘标点字符，并将其替换为相同的印刷体标点字符。此外，如果字体包括连字符和分数符号，还可以使用"智能标点"命令统一插入连字符和分数符号。执行"文字→智能标点"命令，打开"智能标点"对话框（图7-108）。

4. 将文字与对象对齐

当同时选择文字与图形对象，并单击"对齐"面板中的按钮进行对齐操作时，Illustrator会基于字体的度量值来使其与对象对齐（图7-109、图7-110）。

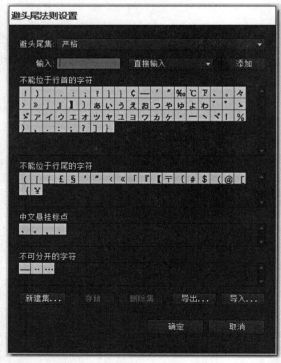

图7-105　打开对话框

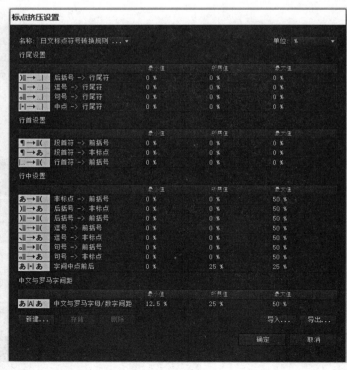

图7-106　打开对话框

如果要根据实际字形的边界来进行对齐，可以执行"效果→路径→轮廓化对象"命令，然后打开"对齐"面板菜单，选择"使用预览边界"命令（图7-111），再单击相应的对齐按钮。应用这些设置后，可以获得与轮廓化文本完全相同的对齐结果，同时还可以灵活处理文本（图7-112）。

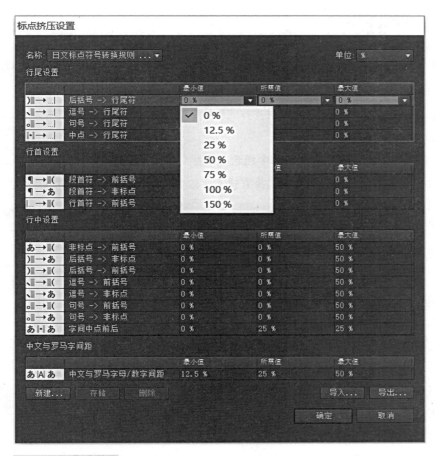

图7-107 修改数值

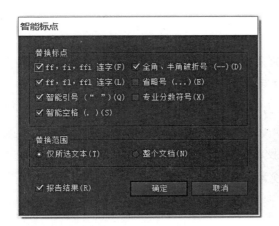

图7-108 打开智能标点对话框

图7-109 对齐面板

图7-110 选中对象和文本

图7-111 使用预览边界

图7-112 效果

5. 视觉边距对齐方式

视觉边距对齐方式决定了文字对象中所有段落的标点符号的对齐方式。当"视觉边距对齐方式"选项打开时，罗马式标点符号和字母边缘（如W和A）都会溢出文本边缘，使文字看起来严格对齐。要应用该设置，可以选择文字对象，然后执行"文字→视觉边距对齐方式"命令。

6. 修改文字方向

"文字→文字方向"下拉菜单中包含"水平"和"垂直"两个命令，它们可以改变文本中字符的排列方向，将直排文字改为横排文字，或将横排文字改为直排文字。

7. 转换文字类型

在Illustrator中，点文字和区域文字可以互相转换。例如，选择点文字后，执行"文字→转换为区域文字"命令，可将其转换为区域文字。选择区域文字后，执行"文字→转换为点状文字"命令，可将其转换为点文字。

8. 更改大小写

"文字→更改大小写"下拉菜单中包含可更改文字大小写样式的命令（图7-113）。选择要更改的字符或文字对象后，执行这些命令可以对字符的大小写进行编辑。

9. 显示或隐藏非打印字符

非打印字符包括硬回车、软回车、制表符、空格、不间断空格、全角字符（包括空格）、自由连字符和文本结束字符。如果要在设置文字格式和编辑文字时显示非打印字符，可以执行"文字→显示隐藏字符"命令。如图7-114所示为文本中显示的非打印字符。

10. 拼写检查

Illustrator中包含Proximity语言词典，可以查找拼写错误的英文单词，并提供修改建议。选择包含英文的文本后，执行"编辑→拼写检查"命令，可以打开"拼写检查"对话框（图7-115）。单击"查找"按钮，即可进行拼写检查。

11. 编辑自定词典

在使用"拼写检查"命令查找单词时，如果Illustrator的词典中没有某些单词的某种拼写形式，则会将其视为拼写错误。

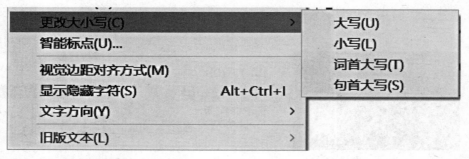

图7-113　编辑字符

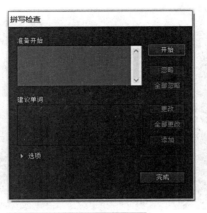

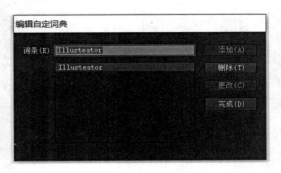

如果要在设置文字格式和编辑文字时显示非打印字符，可以执行"文字>显示隐藏字符"命令。

图7-114　非打印字符　　图7-115　拼写检查对话框　　图7-116　添加词典

执行"编辑→编辑自定词典"命令，打开"编辑自定词典"对话框，在"词条"文本框中输入单词，然后单击"添加"按钮，可以将单词添加到Illustrator词典中（图7-116）。以后再查找到该单词时，它将被视为正确的拼写形式。如果要从词典中删除单词，可以选择列表中的单词，然后单击"删除"按钮。如果要修改词典中的单词，可以选择列表中的单词，然后在"词条"文本框中输入新单词，并单击"更改"按钮。

12. 将文字转换为轮廓

选择文字对象，执行"文字→创建轮廓"命令，可以将文字转换为轮廓。文字在转换为轮廓后，可以保留描边和填色，并且，可以像编辑其他图形对象一样对它进行处理。

本章小结

本章介绍了Illustrator CC 2020强大的文字功能，引导读者如何在Illustrator中创建点文字、段落文字及路径文字，如何对文字进行选择、修改、删除、变形等编辑。同时，还深入讲解了字符和段落格式的设置，以及"Open Type"面板的使用。通过学习本章的内容，读者可以了解并掌握应用Illustrator CC 2020编辑文本的方法和技巧。可尝试对我国名胜古迹名称进行字体设计，结合前面收集到的传统图形，设计全新的文字图形组合。

课后练习

1. Illustrator CC 2020中可以通过哪几种方法来创建文字？它们之间有什么区别？

2. 怎样将其他程序中的文字导入Illustrator中？这种导入的方式与直接将文字拷贝粘贴的方式有什么不同？

3. 怎样将点文字或段落文字变为沿路径排列的路径文字？

4. 怎样将"字符"面板中不常用的选项显示出来？

5. 什么情况下需要使用到Open Type字体？

6. "标点挤压"的作用是什么？怎样进行"标点挤压"设置？

7. 为你喜欢的品牌商家制作一张宣传海报，要求：图文并茂，文字形态丰富多样。

8. 结合中国特色社会主义，设计一款红色主题艺术字体。

第八章
效果、外观与图形样式

PPT 课件

案例素材

教学视频

学习难度：★★★☆☆
重点概念：3D、滤镜、变形、风格化

◄ 章节导读

　　"效果"是Illustrator最具吸引力的功能之一，用于修改对象外观的功能，可以为对象添加投影、使对象扭曲、呈现线条状，以及创建3D立体效果等。"效果"菜单中包含两种类型的效果。菜单上半部分是矢量效果，其中的3D、SVG滤镜、变形、变换、投影、羽化、内发光、外发光可同时应用于矢量和位图，其他效果只能用于矢量对象，或位图对象的填色、描边。菜单下半部分是栅格效果，可应用于矢量对象或位图。

第一节　3D效果

　　3D效果可以将开放路径、封闭路径或是位图对象等转换为可以旋转、打光和投影的三维（3D）对象。在操作时还可以将符号作为贴图投射到三维对象表面，以模拟真实的纹理和图案。

一、凸出和斜角

　　"凸出和斜角"效果会沿对象的Z轴凸出拉伸2D对象，以增加对象的深度，创建3D对象。选择对象（图8-1），执行"对象→3D效果→凸出和斜角"命令，打开"3D凸出和斜角选项"对话框（图8-2）。

1. 位置

　　在该选项的下拉列表中可以选择一个旋转角度。如果想要自由调整角度，可以拖曳观景窗内的立方体（图8-3、图8-4）。如果要设置精确的旋转角度，可在指定绕X轴旋转、指定绕Y轴旋转和指定绕Z轴旋转

图8-1　选择对象

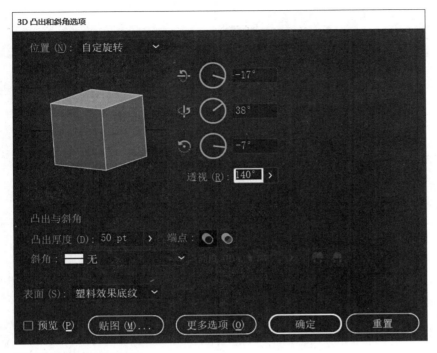

图8-2　凸出与斜角选项

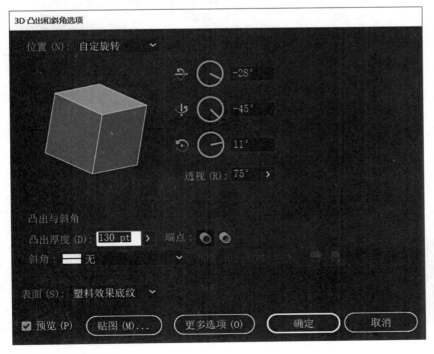

图8-3　拖曳立方体

右侧的文本框中输入角度值。

2. 透视

用来调整对象的透视角度，使立体感更加真实。在调整时，可输入介于0~160之间的值，或单击选项右侧的按钮，然后移动显示的滑块进行调整。较小的角度类似于长焦照相机镜头（图8-5）；较大的角度类似于广角照相机镜头（图8-6）。

3. 凸出厚度

用来设置对象的深度。如图8-7、图8-8所示分别是设置该值为50pt和100pt时的挤压效果。

4. 斜角

在该选项的下拉列表中可以为对象的边缘指定一种斜角。

5. 高度

为对象设置斜角后，可以在"高度"文本框中输入斜角的高度值。

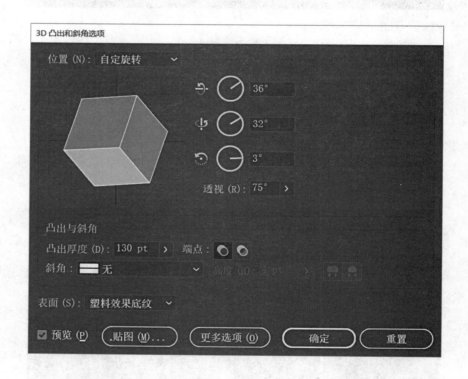

图8-4　自由调整角度

图8-5　较小的角度

图8-6　较大的角度

图8-7　凸出厚度为50pt

图8-8　凸出厚度为100pt

6. 预览

选择该选项后，可以在文档窗口中预览对象的立体效果。

二、绕转

"绕转"效果可以让路径做圆周运动，从而生成3D对象。由于绕转轴是垂直固定的，因此，用于绕转的路径应该是所需3D对象面向正前方时垂直剖面的一半，否则会出现偏差。

选择图形对象（图8-9），执行"效果→3D→绕转"命令，打开"3D绕转选项"对话框（图8-10）。"位置"选项组中的选项与"凸出和斜角"效果基本

相同，下面介绍其他选项。

1. 角度

可设置0°~360°之间的路径绕转度数。默认情况下，角度为360°，此时可生成完整的立体对象（图8-11）。如果角度值小于360°，则会出现断面（图8-12）。

2. 位移

用来设置绕转对象与自身轴心的距离，该值越高，对象偏离轴心越远。图8-13、图8-14所示分别是设置该值为10pt和50pt的效果。

3. 自

用来设置对象绕之转动的轴，包括"左边"和"右边"。如果用于绕转的图形是最终对象的左半部

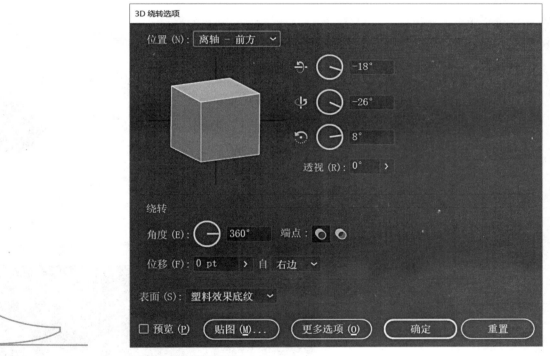

图8-9 选择对象　　　　　图8-10 绕转对话框

图8-11 效果展示

图8-12 角度小于360°

图8-13 位移数值为10pt

图8-14 位移数值为50pt

分，应该选择"右边"（图8-15），如果选择从"左边"绕转，则会产生错误的结果（图8-16）。如果绕转的图形是对象的右半部分，选择从"左边"绕转才能得到正确的结果。

三、旋转

使用"旋转"效果可以在三维空间中旋转对象，使其产生透视效果。被旋转的对象可以是一个普通的2D图形或图像，也可以是一个由"凸出和斜角"或"绕转"命令生成的3D对象。

选择对象（图8-17），执行"效果→3D→旋转"命令即可将其旋转（图8-18、图8-19）。该效果的选项与"凸出和斜角"效果的相应选项基本相同。

四、设置表面底纹

在使用"凸出和斜角""绕转"和"旋转"命令创建3D对象时，可以在对话框中的"表面"选项下拉列表选择表面底纹（图8-20）。

1. 线框

显示对象几何形状的线框轮廓，并使每个表面透明。如果为对象的表面设置了贴图，则贴图也显示为线框轮廓（图8-21）。

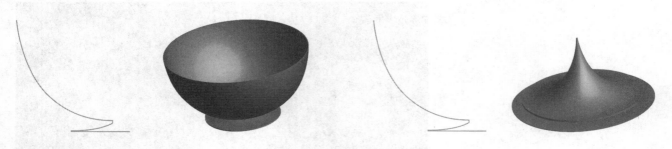

图8-15 选择"右边"　　　　　　　　　　图8-16 选择"左边"

图8-17 选择对象

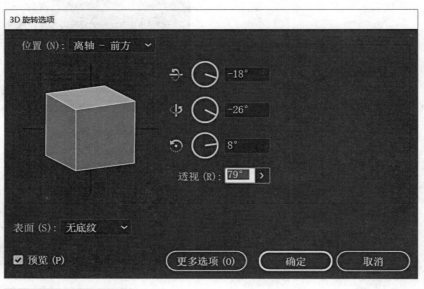

图8-18 "旋转"对话框

图8-19 效果展示

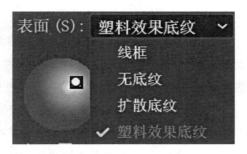

图8-20 表面底纹

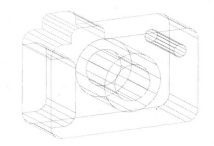

图8-21 线框

图8-22 无底纹

图8-23 扩散底纹

图8-24 塑料效果底纹

2. 无底纹

不向对象添加任何新的表面属性，此时3D对象具有与原始2D对象相同的颜色（图8-22）。

3. 扩散底纹

对象以一种柔和的、扩散的方式反射光，但光影的变化还不够真实和细腻（图8-23）。

4. 塑料效果底纹

对象以一种闪烁的、光亮的材质模式反射光，可获得最佳的3D效果，但计算机屏幕的刷新速度会变慢（图8-24）。

五、设置光源

使用"凸出和斜角"和"绕转"命令创建3D效果时，如果将对象的表面效果设置为"扩散底纹"或"塑料效果底纹"，则可以在3D场景中添加光源，生成更多的光影变化。单击相应对话框中的"更多选项"按钮，可以显示光源设置选项（图8-25）。

1. 光源编辑预览框

对话框的左侧有一个光源编辑预览框。在默认情况下，预览框中只有一个光源，如果要添加新的光源，可单击新建按钮，新建的光源会出现在球体正前方的中心位置（图8-26）。单击并拖曳光源可以移动它。

2. 光源强度

范围为0%～100%，该值越高，光照的强度越大。

（1）环境光。用来控制全局光照，统一改变所有对象的表面亮度。

（2）高光强度。用来控制对象反射光的多少。较低的值会产生黯淡的表面，较高的值会产生较为光亮的表面。

（3）高光大小。用来控制高光区域的大小。该值越高，高光的范围越广。

（4）混合步骤。用来控制对象表面所表现出来的底纹的平滑程度。步骤数越高，所产生的底纹越平滑，路径也越多。如果该值设置得过高，则系统可能会因为内存不足而无法完成操作。

（5）底纹颜色。用来控制对象的底纹颜色。选择"无"，表示不为底纹添加任何颜色（图8-27）；选择"自定"，可单击选项右侧出现的颜色块，打开"拾色器"选择一种颜色（图8-28）。

（6）保留专色。如果对象使用了专色，选择该选项可确保专色不会发生改变。如果在"底纹颜色"选项中选择了"自定"，则无法保留专色。

（7）绘制隐藏表面。可以显示对象的隐藏背面。如果对象透明，或是展开对象并将其拉开时，便能看到对象的背面。如果对象具有透明度，并且要通过透明的前表面来显示隐藏的后表面，应先使用"对象→编组"命令将对象编组，然后再应用3D效果。

六、将图稿映射到3D对象上

使用"凸出和斜角"和"绕转"命令创建的3D对象由多个表面组成。在进行贴图前，需要先将作为贴图的图稿保存在"符号"面板中，然后在"3D凸出和斜角"和"3D绕转"对话框中单击"贴图"按

图8-25 光源设置选项

图8-26 新建光源

图8-27 底纹颜色为"无"

图8-28 底纹颜色为"自定"

图8-29　未贴图3D对象

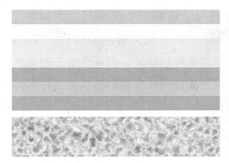

图8-30　制作符号

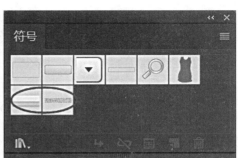

钮，打开"贴图"对话框进行设置。打开一个未贴图的3D对象（图8-29），制作用于贴图的符号（图8-30），打开"贴图"对话框（图8-31），在对话框中可以设置以下选项。

（1）表面。用来选择要为其贴图的对象表面。可单击箭头按钮切换表面，或在文本框中输入一个表面编号。切换表面时，被选择的表面在文档窗口中会以红色的轮廓显示（图8-32、图8-33）。

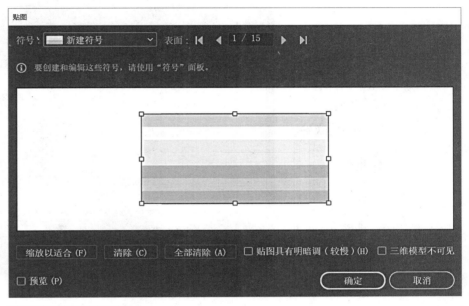

图8-31　"贴图"对话框

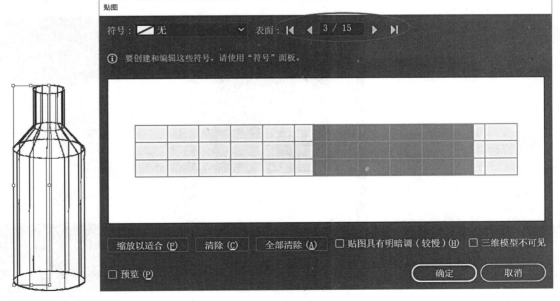

图8-32　切换表面一

（2）符号。选择一个表面后，可以在"符号"下拉列表中为它选择一个符号（图8-34）。如果要移动符号，可在定界框内部单击并拖曳鼠标（图8-35）；如果要缩放符号，可拖曳位于边角的控制点（图8-36）；如果要旋转符号，可以将光标放在定界框外侧接近控制点处单击并拖曳鼠标（图8-37）。

（3）缩放以适合。单击该按钮，可以自动缩放贴图，使其适合所选的表面边界。

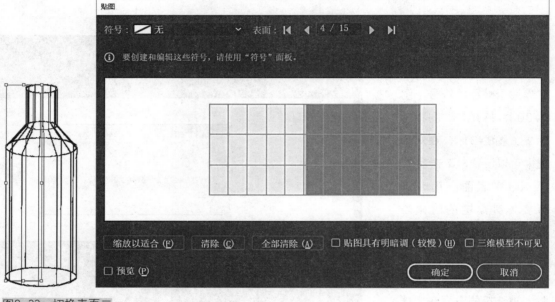

图8-33　切换表面二

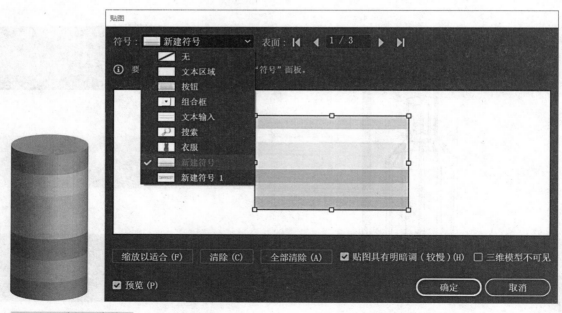

图8-34　选择一个符号

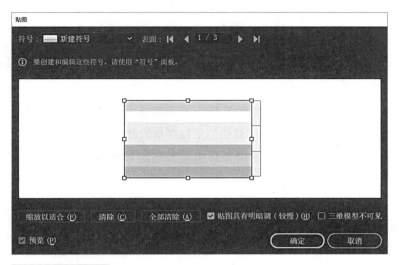

图8-35 移动符号

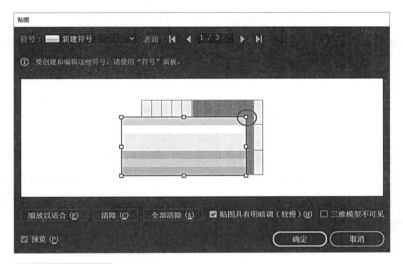

图8-36 缩放符号

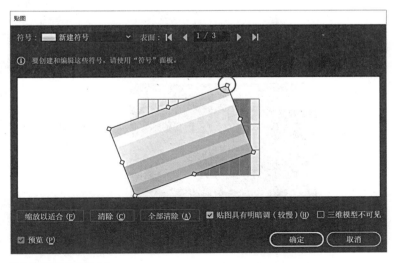

图8-37 旋转符号

（4）清除/全部清除。如果要删除当前选择的表面的贴图，可单击"清除"按钮。如果要删除所有表面的贴图，可单击"全部清除"按钮。

（5）贴图具有明暗调。选择该选项后，可以为贴图添加底纹或应用光照，使贴图表面产生与对象一致的明暗变化。

（6）三维模型不可见。未选择该项时，可以显示立体对象和贴图效果；选择该项后，仅显示贴图，隐藏立体对象（图8-38）。如果将文本贴到一条凸出的波浪线的侧面，然后选择该选项，可以将文字变形成为一面旗帜。

图8-38 勾选三维模型不可见

第二节 SVG滤镜效果

SVG滤镜是一系列描述各种数学运算的XML属性，生成的效果会应用于目标对象而不是源图形。

一、关于SVG

GIF、JPEG、WBMP和PNG等用于Web的位图图像格式，都使用像素来描述图像，因而生成的文件较大，在Web上会占用大量带宽，并且由于受到分辨率的限制，图像放大观察时，效果会变得不够清晰。

SVG是将图像转化为矢量格式。生成的文件容量小，可以在Web、打印甚至资源有限的手持设备上提供较高品质的图像。无须牺牲锐利程度、细节或清晰度，便可在屏幕上放大SVG图像的视图。此外，SVG还提供对文本和颜色的高级支持，它可以确保用户看到的图像和Illustrator画面上所显示的一样。

二、应用SVG效果

Illustrator提供了一组默认的SVG效果（图8-39）。

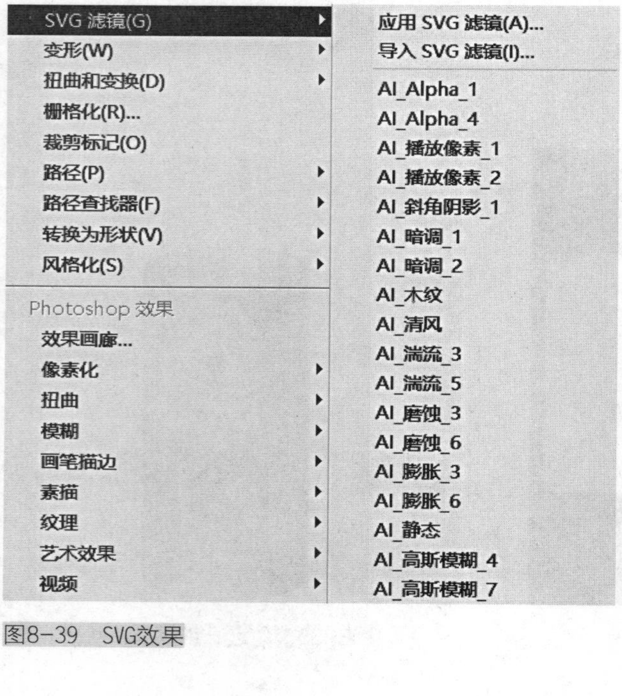

（1）如果要应用具有默认设置的效果，可以从"效果→SVG滤镜"下拉菜单的底部选择所需效果。

（2）如果要应用具有自定设置的效果，可以执行"效果→SVG滤镜→应用SVG滤镜"命令，在打开的对话框中选择一个效果，然后单击编辑SVG滤镜按钮，编辑默认代码，再单击"确定"按钮。

（3）如果要创建并应用新效果，可以执行"效果→SVG滤镜→应用SVG滤镜"命令，在打开的对话框中单击新建SVG滤镜按钮，输入新代码，然后单击"确定"按钮。

（4）如果要从SVG文件中导入效果，可以执行"效果→SVG滤镜→导入SVG滤镜"命令。

三、"SVG交互"面板

如果要将图稿导出，并在Web浏览器中查看，可以使用"SVG交互"面板将交互内容添加到图稿中（图8-40）。

图8-39 SVG效果

图8-40 "SVG交互"面板

1. 从"SVG交互"面板中删除事件

如果要删除一个事件，可选择该事件，然后单击面板底部的删除所选项目按钮。

2. 列出、添加或删除链接到文件上的事件

单击链接JavaScript文件按钮，在弹出的"JavaScript文件"对话框中选择一个JavaScript项，单击"添加"按钮，可以浏览查找其他JavaScript文件；单击"移去"按钮，可以删除选定的JavaScript项。

3. 将SVG交互内容添加到图稿中

在"SVG交互"面板中选择一个事件，输入对应的JavaScript并按下Enter（回车）键。

第三节　扭曲、变换和栅格化效果

"扭曲和变换"效果组中包含7种效果，可以快速改变矢量对象的形状。

一、变换

"变换"效果通过重设大小、移动、旋转、镜像和复制等方法来改变对象的形状。该效果与"对象→变换"下拉菜单中的"分别变换"命令的使用方法相同。

二、扭拧

"扭拧"效果可以随机地向内或向外弯曲和扭曲路径段。打开"扭拧"对话框（图8-41），图8-42、图8-43为原图形和扭拧效果。

1. "数量"选项组

可以设置水平和垂直扭曲程度。勾选"相对"选项，可以使用相对量设定扭曲程度；勾选"绝对"选项，可按照绝对量设定扭曲程度。

2. "修改"选项组

可以设置是否修改锚点、移动通向路径锚点的控制点（"导入"控制点和"导出"控制点）。

三、扭转

"扭转"效果可以旋转一个对象，在旋转时，中心的旋转程度比边缘的旋转程度大。如图8-44所示为"扭转"对话框。打开原图形（图8-45），输入正值时顺时针扭转（图8-46），输入负值时逆时针扭转（图8-47）。

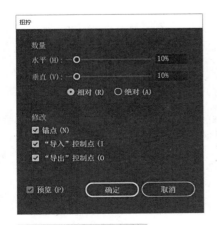

图8-41　"扭拧"对话框

图8-42　原图形

图8-43　扭拧效果

四、收缩和膨胀

"收缩和膨胀"效果可以将线段向内弯曲（收缩），并向外拉出矢量对象的锚点，或将线段向外弯曲（膨胀），同时向内拉入锚点。图8-48为"收缩和膨胀"对话框。当滑块靠近"收缩"选项时，对象将向内收缩（图8-49）；滑块靠近"膨胀"选项时，对象会向外膨胀（图8-50）。

图8-44 "扭转"对话框

五、波纹效果

"波纹"效果可以将对象的路径段变换为同样大小的尖峰和凹谷形成的锯齿和波形数组。打开"波纹效果"对话框（图8-51）。图8-52、图8-53所示分别为原图形和波纹效果。

1. 大小

用来设置尖峰与凹谷之间的长度。可以选择使用绝对大小或相对大小来进行调整。

2. 每段的隆起数

用来设置每个路径段的脊状数量。

3. 平滑/尖锐

选择"平滑"，路径段的隆起处为波形边缘（图8-54）；选择"尖锐"，路径段的隆起处为锯齿边缘（图8-55）。

图8-45 原图

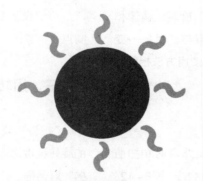

图8-46 顺时针扭转

图8-47 逆时针扭转

图8-48 "收缩和膨胀"对话框

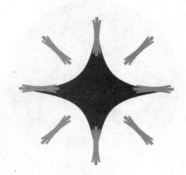

图8-49 向内收缩

图8-50 向外膨胀

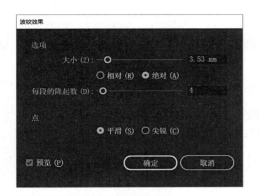

图8-51 "波纹效果"对话框

图8-52 原图

图8-53 波纹效果

六、粗糙化

"粗糙化"效果可以将矢量对象的路径段变形为各种大小的尖峰和凹谷的锯齿数组。打开"粗糙化"对话框（图8-56）。图8-57、图8-58所示分别为原图形和粗糙化效果。

1. 大小/相对/绝对

可以使用绝对大小或相对大小来设置路径段的最大长度。

2. 细节

可以设置每英寸锯齿边缘的密度。

3. 平滑/尖锐

可以在圆滑边缘（平滑）和尖锐边缘（尖锐）之间做出选择。

七、自由扭曲

选择一个对象（图8-59），执行"效果→扭曲和变换→自由扭曲"命令，打开"自由扭曲"对话框。在对话框中，拖曳对象四个角的控制点即可改变对象的形状（图8-60、图8-61）。

八、栅格化

如果要在Illustrator中将矢量对象转换为位图图像，即永久栅格化，可以

图8-54 平滑

图8-55 尖锐

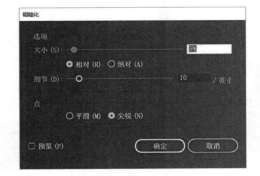

图8-56 "粗糙化"对话框

图8-57 原图

图8-58 粗糙化效果

选择对象，执行"对象→栅格化"命令，打开"栅格化"对话框进行设置。栅格化以后，Illustrator会将矢量图形和路径转换为像素，在"外观"面板中显示为位图。

1. 栅格化效果

"对象→栅格化"命令可以永久栅格化矢量对象，而"效果→栅格化"命令则可以使矢量对象呈现位图的外观，但不会改变其矢量结构。选择一个对象（图8-62），添加"栅格化"效果后，"外观"面板中仍保存着对象的矢量结构（图8-63），该效果可以随时删除。

在"效果"菜单中，"SVG滤镜"和菜单下部区域的所有效果，以及"效果→风格化"下拉菜单中的"投影""内发光""外发光"和"羽化"命令都属于栅格类效果，它们都是用来生成像素（而非矢量数据）的效果。

2. 文档栅格效果设置

无论采用哪种方式栅格化矢量对象，Illustrator都会使用文档的栅格效果设置来确定最终图像的分辨率。这些设置对于最终图稿有着很大的影响，因此，使用"栅格化"命令和"栅格化"效果之前，一定要先检查一下文档的栅格效果设置。

图8-59 选择对象

图8-60 拖曳控制点

图8-61 效果展示

图8-62 选择对象

图8-63 "栅格化"效果

选择一个对象（图8-64），执行"效果→文档栅格效果设置"命令，打开"文档栅格效果设置"对话框（图8-65），在对话框中可以设置文档的栅格化选项。

（1）颜色模型。可以选择在栅格化过程中所用的颜色模型。

（2）分辨率。可以选择栅格化图像中的每英寸像素数（ppi）。

（3）背景。可以设置矢量图形的透明区域如何转换。选择"白色"，可用白色像素填充透明区域（图8-66）；选择"透明"，则创建一个Alpha通道，使透明区域保持透明（图8-67）。如果图稿被导出到Photoshop中，则Alpha通道将被保留。

（4）消除锯齿。应用消除锯齿可以改善栅格化图像的锯齿边缘外观。如果取消选择该选项，则会保留细小线条和细小文本的尖锐边缘。

（5）创建剪切蒙版。创建一个剪切蒙版，可使栅格化图像的背景显示为透明。

（6）添加环绕对象。可以在栅格化图像的周围添加指定数量的像素，为栅格化图像添加边缘填充或边框。

图8-64　选择对象

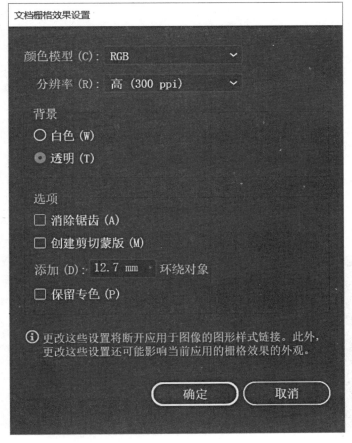

图8-65　设置

图8-66　选择白色

图8-67　选择透明

第四节　路径与风格化效果

路径可以为对象创建轮廓化和描边的效果，而风格化可以为对象添加发光、投影、涂抹和羽化等外观样式。

一、位移路径

"位移路径"效果可相对于对象的原始路径偏移并复制出新的路径。图8-68所示为该效果的对话框，设置"位移"为正值时向外扩展路径，设置为负值时向内收缩路径。"连接"选项用来设置路径拐角处的连接方式，"斜接限制"选项用来设置斜角角度的变化范围。

二、轮廓化对象和轮廓化描边

"轮廓化对象"效果可以将对象创建为轮廓。"轮廓化描边"效果可将对象的描边转换为轮廓。与使用"对象→路径→轮廓化描边"命令转换轮廓相比，使用该命令转换的轮廓仍可以修改描边粗细。

三、风格化

1. 内发光

"内发光"效果可以在对象内部创建发光效果。打开"内发光"对话框（图8-69）。选择一个对象（图8-70）。

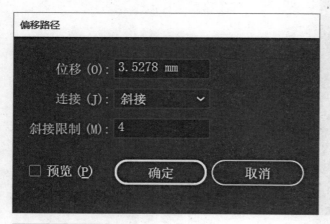

图8-68　位移路径

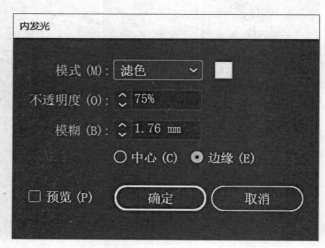

图8-69　"内发光"对话框

（1）模式。用来设置发光的混合模式。如果要修改发光颜色，可单击选项右侧的颜色框，打开"拾色器"进行设置。

（2）不透明度。用来设置发光效果的不透明度。

（3）模糊。用来设置发光效果的模糊范围。

（4）中心/边缘。选择"中心"，可以从对象中心产生发散的发光效果（图8-71）；选择"边缘"，可以在对象边缘产生发光效果（图8-72）。

2．圆角

"圆角"效果可以将矢量对象的边角控制点转换为平滑的曲线，使图形中的尖角变为圆角。图8-73所示为"圆角"对话框，通过"半径"选项可以设置圆滑曲线的曲率。

3．外发光

"外发光"效果可以在对象的边缘产生向外发光的效果。图8-74所示为"外发光"对话框，其中的选项与"内发光"效果相同。

4．投影

"投影"效果可以为对象添加投影，创建立体效果。打开"投影"对话框（图8-75），图8-76、图8-77所示分别为原图形及添加投影后的效果。

图8-70　选择对象

图8-71　选择"中心"

图8-72　选择"边缘"

图8-73　"圆角"对话框

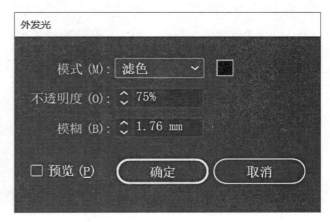
图8-74　"外发光"对话框

（1）模式。在该选项的下拉列表中可以选择投影的混合模式。

（2）不透明度。用来投影的不透明度。该值为0%时，投影完全透明；为100%时，投影完全不透明。

（3）X位移/Y位移。用来设置投影偏离对象的距离。

（4）模糊。用来设置投影的模糊范围。Illustrator会创建一个透明栅格对象来模拟模糊效果。

（5）颜色。如果要修改投影颜色，可以单击选项右侧的颜色框，在打开的"拾色器"对话框中进行设置。

（6）暗度。用来设置为投影添加的黑色深度百分比。选择该选项后，将以对象自身的颜色与黑色混合作为阴影。"暗度"为0%时，投影显示为对象自身的颜色，为100%时，投影显示为黑色。

5. 涂抹

"涂抹"效果可以将图形创建为类似素描般的手绘效果。选择图形后（图8-78），执行"效果→风格化→涂抹"命令，打开"涂抹选项"对话框（图8-79）。

（1）设置。如果要使用Illustrator预设的涂抹效果，可以在该选项的下拉列表中选择一个选项（图8-80）。如果要创建自定义的涂抹效果，可以从任意一个预设的涂抹效果开始，然后在此基础上设置其他选项。

（2）角度。用来控制涂抹线条的方向。可单击角度图标中的任意点，也可以围绕角度图标拖曳角度线，或在框中输入一个介于-179～180的值。

（3）路径重叠/变化。用来设置涂抹线条在路径边界内部距路径边界的量，或在路径边界外距路径边界的量。负值可以将涂抹线条控制在路径边界内部（图8-81）；正值则将涂抹线条延伸到路径边界的外部（图8-82）。"变化"选项用来设置涂抹线条彼此之间相对的长度差异。

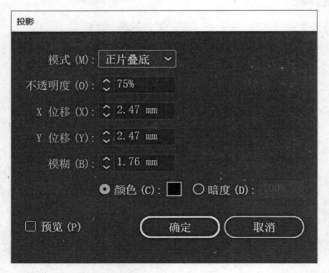

图8-75 "投影"对话框

图8-76 原图形

图8-77 添加投影

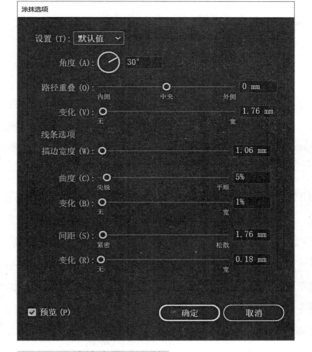

图8-78　选择图形　　　图8-79　"涂抹选项"对话框　　　图8-80　选项

（4）描边宽度。用来设置涂抹线条的宽度。

（5）曲度/变化。用来设置涂抹曲线在改变方向之前的曲度。该选项右侧的"变化"选项用来设置涂抹曲线彼此之间的相对曲度的差异大小。

（6）间距/变化。用来设置涂抹线条之间的折叠间距量。"变化"选项用来设置涂抹线条之间的折叠间距的差异量。

6. 羽化

"羽化"效果可以柔化对象的边缘，使其产生从内部到边缘逐渐透明的效果。打开"羽化"对话框（图8-83），通过"羽化半径"可以控制羽化的范围。

图8-81　输入负值　　　图8-82　输入正值

图8-83　"羽化"对话框

第五节　外观属性

外观属性是一组在不改变对象基础结构的前提下影响对象外观的属性，包括填色、描边、透明度和效果。外观属性应用于对象后，可随时修改和删除。

一、"外观"面板

"外观"面板可以保存、修改和删除对象的外观属性。打开一个文件（图8-84），选择对象，它的填色和描边等属性会显示在"外观"面板中，各种效果按其应用顺序从上到下排列（图8-85）。当某个项目包含其他属性时，该项目名称的左上角会出现一个三角形图标，单击该图标可以显示其他属性。

1．所选对象的缩览图

当前选择的对象的缩览图，它右侧的名称标识了对象的类型，例如路径、文字、组、位图图像和图层等。

2．描边

显示并可修改对象的描边属性，包括描边颜色、宽度和类型。

3．填色

显示并可修改对象的填充内容。

4．不透明度

显示并可修改对象的不透明度值和混合模式。

5．眼睛图标

单击该图标，可以隐藏或重新显示效果。

6．添加新描边

单击该按钮，可以为对象增加一个描边属性。

7．添加新填色

单击该按钮，可以为对象增加一个填色属性。

8．添加新效果

单击该按钮，可在打开的下拉菜单中选择一个效果。

9．清除外观

单击该按钮，可清除所选对象的外现，使其变为无描边、无填色的状态。

10．复制所选项目

选择面板中的一个项目后，单击该按钮可以复制该项目。

11．删除所选项目

选择面板中的一个项目后，单击该按钮可将其删除。

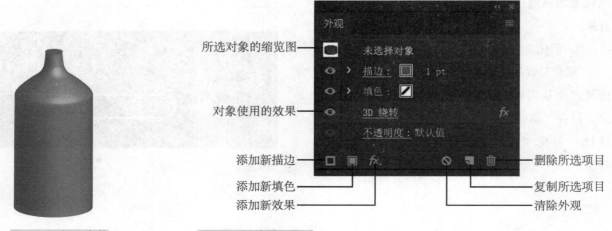

图8-84　打开文件　　　　图8-85　"外观"面板

图8-86　描边投影

图8-87　填色投影

二、调整外观的堆栈顺序

在"外观"面板中，外观属性按照其应用于对象的先后顺序堆叠排列，这种形式称为堆栈。向上或向下拖曳外观属性，可以调整它们的堆栈顺序。这样操作会影响对象的显示效果。例如，图形的描边应用了"投影"效果（图8-86），将"投影"拖曳到"填色"属性中，图形的外观会发生改变（图8-87）。

三、为图层和组设置外观

在Illustrator中，图层和组也可以添加效果，并且，将对象创建、移动或编入到添加了效果的图层或组中，它便会拥有与图层或组相同的外观。

（1）打开素材（图8-88）。单击"图层2"右侧的图标，选择图层（图8-89）。如果要为组添加效果，可以使用选择工具选择编组对象。

图8-88　光盘素材

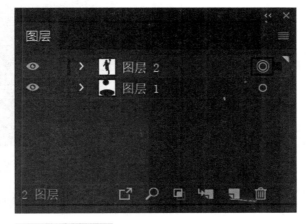

图8-89　选择图层

（2）执行"效果→风格化→投影"命令，为图层添加"投影"效果，此时该图层中所有的对象都会添加"投影"效果（图8-90、图8-91）。

（3）将"图层1"中的图形拖曳到"图层2"中（图8-92），该图形便会拥有与"图层2"相同的"投影"效果（图8-93）。

四、编辑基本外观和效果

为对象添加效果后，效果会显示在"外观"面板中。通过"外观"面板可以编辑效果。

（1）打开素材。选择对象，"外观"面板中会列出它的外观属性（图8-94）。此时可单击填色、描边和不透明度等项目，然后进行修改。图8-95所示为将填色设置为图案后的效果。

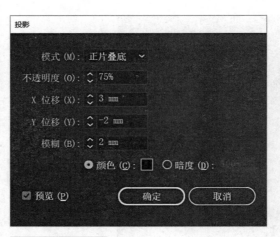

图8-90　添加投影

图8-91　效果展示

图8-92　拖曳图层

图8-93　效果展示

图8-94　选择对象

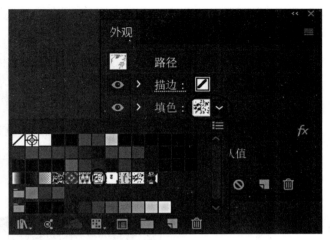

图8-95　填色设置为图案

图8-96　双击效果名称

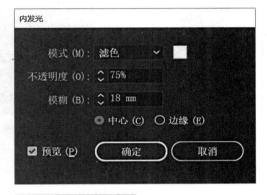

图8-97　修改效果参数

图8-98　效果展示

（2）双击"外观"面板中的效果名称（图8-96），可以在打开的对话框中修改效果参数（图8-97），单击"确定"按钮，可以更新效果（图8-98）。

五、显示和隐藏外观

选择对象后，在"外观"面板中单击一个属性前面的眼睛图标，可以隐藏该属性（图8-99、图8-100）。如果要重新将其显示出来，可在原眼睛图标处单击。

六、扩展外观

选择对象（图8-101），执行"对象→扩展外观"命令，可以将它的填色、描边和应用的效果等外观属性扩展为各自独立的对象，这些对象会自动编组。图8-102所示为将投影、填色和描边对象移开后的效果。

七、删除外观

　　选择一个对象（图8-103），如果要删除它的一种外观属性，可在"外观"面板中将该属性拖曳到删除所选项按钮（图8-104 ～ 图8-106）。

　　如果要删除填色和描边之外的所有外观，可以执行面板菜单中的"简化至基本外观"命令（图8-107、图8-108）。如果要删除所有外观，可单击清除外观按钮，对象会变为无填色、无描边状态。

图8-99　显示属性

图8-100　隐藏属性

图8-101　选择对象

图8-102　效果展示

图8-103　选择对象

图8-104　拖曳属性

图8-105　删除属性

图8-106　效果展示

图8-107　简化至基本外观

图8-108　效果展示

第六节　图形样式

图形样式是一系列预设的外观属性的集合，可以快速改变对象的外观。例如，可以修改对象的填色和描边、改变透明度，或者同时应用多种效果。

一、"图形样式"面板

"图形样式"面板用来保存图形样式，也可以创建、命名和应用外观属性（图8–109）。在样式缩览图上单击右键，可以查看大缩览图（图8–110）。

1. 默认

单击该样式，可以将所选对象设置为默认的基本样式，即黑色描边、白色填色。

2. 图形样式库菜单

单击该按钮，可在打开的下拉菜单中选择图形样式库。

3. 断开图形样式链接

用来断开当前对象使用的样式与面板中样式的链接。断开链接后，可单独修改应用于对象的样式，而不会影响面板中的样式。

4. 新建图形样式

选择一个对象（图8–111），单击该按钮，可将所选对象的外观属性保存到"图形样式"面板中（图8–112）。将面板中的一个图形样式拖曳到该按钮上，可以复制样式。

5. 删除图形样式

选择面板中的图形样式后，单击该按钮可将其删除。

6. 重命名图形样式

双击面板中的一个图形样式，可以打开"图形样式选项"对话框修改它的名称。

二、创建与合并图形样式

（1）打开素材。选择对象（图8–113），为它添加"凸出和斜角"效果，单击"图形样式"面板中的

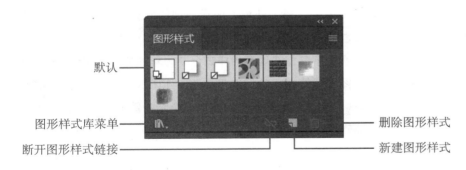

默认
图形样式库菜单
断开图形样式链接
删除图形样式
新建图形样式

图8–109　"图形样式"面板

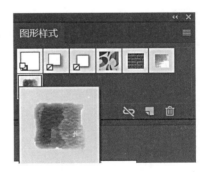

图8–110　查看大缩览图

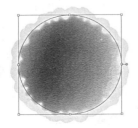

图8–111　选择对象

图8–112　新建图形样式

图8–113　选择对象

图8-114 保存为图形样式

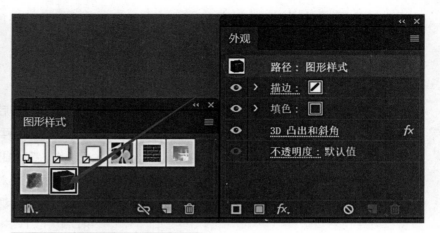

图8-115 拖曳"外观"面板缩览图

图8-116 选择两个图形样式

图8-117 合并图形样式

"新建图形样式"按钮,将它的外观保存为图形样式(图8-114)。如果想要在创建样式时设置名称,可按住Alt键单击"新建图形样式"按钮,打开"图形样式选项"对话框进行操作。

(2)选择对象后,将"外观"面板顶部的缩览图拖曳到"图形样式"面板中,也可以创建图形样式(图8-115)。

(3)再来看一下怎样将现有的样式合并为新的样式。按住Ctrl键单击两个或多个图形样式,将它们选择(图8-116),执行面板菜单中的"合并图形样式"命令,可基于它们创建一个新的图形样式,它包含所选样式的全部属性(图8-117)。

三、使用图形样式

(1)打开素材。使用选择工具选择背景图形(图8-118)。单击"图形样式"面板中的一个样式,即可为它添加该样式(图8-119、图8-120)。如果再单击其他样式,则新样式会替换原有的样式。

(2)在画面以外的空白处单击,取消选择。在没有选择对象的情况下,可以将"图形样式"面板中的样式拖曳到对象上,直接为其添加该样式(图8-121、图8-122)。如果对象是由多个图形组成的,可以为它们添加不同的样式。

图8-118　选择图形

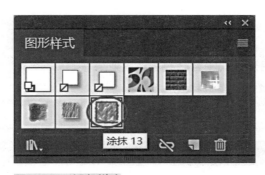

图8-119　添加样式

图8-120　效果展示

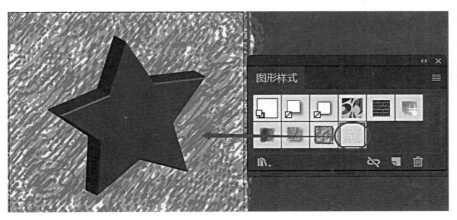

图8-121　拖曳到对象

图8-122　效果展示

四、从其他文档中导入图形样式

单击"图形样式"面板中的"样式库"按钮，选择"其他库"命令，在弹出的对话框中选择一个AI文件（图8-123），然后单击"打开"按钮，可以导入该文件中使用的图形样式，它会出现在一个单独的面板中（图8-124）。

图8-123　选择文件

图8-124　导入图形样式

五、使用图形样式库

图形样式库是一组预设的图形样式集合。执行"窗口→图形样式库"命令，或单击"图形样式"面板中的"样式库"按钮，在打开的下拉菜单中可以看到各种图像样式库，包括3D效果、图像效果和文字效果等。

－ 补充要点 －

图形样式应用技巧

图形样式可以应用于对象、组和图层。将图形样式应用于组或图层时，组和图层内的所有对象都将具有图形样式的属性。我们以一个由50%的不透明度组成的图形样式为例来进行讲解，选择图层，单击该图层样式，将其应用于图层，则此图层内原有的对象都显示50%的不透明效果。如果将对象移出该图层，则对象的外观将恢复其以前的不透明度。如果将图形样式应用于组或图层，但样式的填充颜色没有出现在图稿中，则将"填充"属性拖曳到"外观"面板中的"内容"条目上方即可。

本章小结

通过前面的学习，我们循序渐进地掌握了图形的绘制、填色，对图形进行各种编辑改变其形状，以及创建文字，使设计作品达到图文并茂等。本章是进阶Illustrator高手的必经之路，主要讲解了怎样在Illustrator中为绘制的图形创建最后的效果、外观，可运用这些特效来设计徽章，让徽章体现出时代特色与完美效果。

课后练习

1. Illustrator的3D效果中，绕转和旋转有什么不同？

2. 什么情况下可以为对象添加光源？光源强度的范围一般为多少？取值的大小与光照强度之间有什么关系？

3. 在Illustrator中绘制一个简单的图形，对其进行凸出和斜角、绕转、设置表面底纹、光源等3D效果的练习。

4. 什么是SVG？相比GIF、JPEG等位图图像格式，SVG格式的优点是什么？

5. Illustrator提供了哪几种栅格化矢量图形的方法？有什么区别？

6. 波纹效果和粗糙化效果都可以将对象的路径变成尖峰和凹谷形成的锯齿，它们的区别是什么？

7. 绘制一个简单的图形，为它设置内发光与外发光。

8. 怎样从其他文档中导入图形样式到Illustrator中？

9. 设计并绘制一个你喜爱的卡通形象，为其添加3D、滤镜等效果。

10. 对所在学校现有校徽重新描绘，并添加立体效果，增强徽章的醒目度。

第九章
案例实训

案例素材

学习难度：★★★★☆
重点概念：3D、滤镜、变形、风格化

◁ 章节导读

　　本章介绍5套案例的实训操作方法，细致讲述Illustrator CC 2020用于实际案例绘制的步骤。通过真实案例能深入了解Illustrator CC 2020的正确、高效使用方法。由于全书篇幅有限，特将案例录制成视频教学文件，手机扫本章二维码下载后在电脑端播放观看。

第一节　案例实训1：视觉效果海报

案例实训 1

第二节　案例实训2：像素风

案例实训 2

第三节　案例实训3：立体字

案例实训 3

第四节　案例实训4：牛奶瓶

案例实训 4

第五节　案例实训5：玻璃质感图标

案例实训 5

本章小结

本章采用Illustrator CC 2020系统地制作了几套实际案例，全面总结了该软件的运用方法。希望在今后的学习、工作中能时常运用Illustrator进行设计绘图，使该软件成为我们学习、工作中最常见的软件，熟练后进一步提高效率。根据本章内容，结合党的二十大精神，了解与国家时政相关的图形元素，并进行学习。

课后练习

1. 跟随本章案例视频教学学习绘制相关图形。
2. 使用Illustrator CC 2020独立设计绘制一套知名企业的VI视觉形象。
3. 设计并绘制属于自己的名片。
4. 设计并绘制一份校园运动会的海报招贴。
5. 结合党的二十大精神，充分运用收集到的设计素材，设计一组表现国家全面发展的时政招贴。

附录　Illustrator CC 2020快捷键

一、工具箱

多种工具共用一个快捷键的可同时按【Shift】加此快捷键
选取，当按下【CapsLock】键时，可直接用此快捷键切换

移动工具【V】

直接选取工具、组选取工具【A】

钢笔、添加锚点、删除锚点、改变路径角度【P】

添加锚点工具【+】

删除锚点工具【-】

文字、区域文字、路径文字、竖向文字、竖向区域文字、
竖向路径文字【T】

椭圆、多边形、星形、螺旋形【L】

增加边数、倒角半径及螺旋圈数（在【L】、【M】状态下绘
图）【↑】

减少边数、倒角半径及螺旋圈数（在【L】、【M】状态下绘
图）【↓】

矩形、圆角矩形工具【M】

画笔工具【B】

铅笔、圆滑、抹除工具【N】

旋转、转动工具【R】

缩放、拉伸工具【S】

镜向、倾斜工具【O】

自由变形工具【E】

混合、自动勾边工具【W】

图表工具（七种图表）【J】

渐变网点工具【U】

渐变填色工具【G】

颜色取样器【I】

油漆桶工具【K】

剪刀、餐刀工具【C】

视图平移、页面、尺寸工具【H】

放大镜工具【Z】

默认前景色和背景色【D】

切换填充和描边【X】

标准屏幕模式、带有菜单栏的全屏模式、全屏模式【F】

切换为颜色填充【<】

切换为渐变填充【>】

切换为无填充【/】

临时使用抓手工具【空格】

精确进行镜向、旋转等操作选择相应的工具后按【回车】

复制物体在【R】、【O】、【V】等状态下按【Alt】+【拖动】

二、文件操作

新建图形文件【Ctrl】+【N】

打开已有的图像【Ctrl】+【O】

关闭当前图像【Ctrl】+【W】

保存当前图像【Ctrl】+【S】

另存为...【Ctrl】+【Shift】+【S】

存储副本【Ctrl】+【Alt】+【S】

页面设置【Ctrl】+【Shift】+【P】

文档设置【Ctrl】+【Alt】+【P】

打印【Ctrl】+【P】

打开"预置"对话框【Ctrl】+【K】

回复到上次存盘之前的状态【F12】

三、编辑操作

还原前面的操作（步数可在预置中）【Ctrl】+【Z】

重复操作【Ctrl】+【Shift】+【Z】

将选取的内容剪切放到剪贴板【Ctrl】+【X】或【F2】

将选取的内容拷贝放到剪贴板【Ctrl】+【C】

将剪贴板的内容粘到当前图形中【Ctrl】+【V】或【F4】

将剪贴板的内容粘到最前面【Ctrl】+【F】

将剪贴板的内容粘到最后面【Ctrl】+【B】

删除所选对象【DEL】

选取全部对象【Ctrl】+【A】

取消选择【Ctrl】+【Shift】+【A】

再次转换【Ctrl】+【D】

发送到最前面【Ctrl】+【Shift】+【]】

向前发送【Ctrl】+【]】

发送到最后面【Ctrl】+【Shift】+【[】

向后发送【Ctrl】+【[】

群组所选物体【Ctrl】+【G】

取消所选物体的群组【Ctrl】+【Shift】+【G】

锁定所选的物体【Ctrl】+【2】

锁定没有选择的物体【Ctrl】+【Alt】+【Shift】+【2】

全部解除锁定【Ctrl】+【Alt】+【2】

隐藏所选物体【Ctrl】+【3】

隐藏没有选择的物体【Ctrl】+【Alt】+【Shift】+【3】

显示所有已隐藏的物体【Ctrl】+【Alt】+【3】

连接断开的路径【Ctrl】+【J】

对齐路径点【Ctrl】+【Alt】+【J】

调合两个物体【Ctrl】+【Alt】+【B】

取消调合【Ctrl】+【Alt】+【Shift】+【B】

调合选项选【W】后按【回车】

新建一个图像遮罩【Ctrl】+【7】

取消图像遮罩【Ctrl】+【Alt】+【7】

联合路径【Ctrl】+【8】

取消联合【Ctrl】+【Alt】+【8】

图表类型选【J】后按【回车】

再次应用最后一次使用的滤镜【Ctrl】+【E】

应用最后使用的滤镜并调节参数【Ctrl】+【Alt】+【E】

四、文字处理

文字左对齐或顶对齐【Ctrl】+【Shift】+【L】

文字中对齐【Ctrl】+【Shift】+【C】

文字右对齐或底对齐【Ctrl】+【Shift】+【R】

文字分散对齐【Ctrl】+【Shift】+【J】

插入一个软回车【Shift】+【回车】

精确输入字距调整值【Ctrl】+【Alt】+【K】

将字距设置为0【Ctrl】+【Shift】+【Q】

将字体宽高比还原为1：1【Ctrl】+【Shift】+【X】

左/右选择1个字符【Shift】+【←】/【→】

下/上选择1行【Shift】+【↑】/【↓】

选择所有字符【Ctrl】+【A】

选择从插入点到鼠标点按点的字符【Shift】加"点按"

左/右移动1个字符【←】/【→】

下/上移动1行【↑】/【↓】

左/右移动1个字【Ctrl】+【←】/【→】

将所选文本的文字大小减小2点像素【Ctrl】+【Shift】+【<】

将所选文本的文字大小增大2点像素【Ctrl】+【Shift】+【>】

将所选文本的文字大小减小10点像素【Ctrl】+【Alt】+【Shift】+【<】

将所选文本的文字大小增大10点像素【Ctrl】+【Alt】+【Shift】+【>】

将行距减小2点像素【Alt】+【↓】

将行距增大2点像素【Alt】+【↑】

将基线位移减小2点像素【Shift】+【Alt】+【↓】

将基线位移增加2点像素【Shift】+【Alt】+【↑】

将字距微调或字距调整减小20/1000ems【Alt】+【←】

将字距微调或字距调整增加20/1000ems【Alt】+【→】

将字距微调或字距调整减小100/1000ems【Ctrl】+【Alt】+【←】

将字距微调或字距调整增加100/1000ems【Ctrl】+【Alt】+【→】

光标移到最前面【HOME】

光标移到最后面【END】

选择到最前面【Shift】+【HOME】

选择到最后面【Shift】+【END】

将文字转换成路径【Ctrl】+【Shift】+【O】

五、视图操作

将图像显示为边框模式（切换）【Ctrl】+【Y】

对所选对象生成预览（在边框模式中）【Ctrl】+【Shift】+【Y】

放大视图【Ctrl】+【+】

缩小视图【Ctrl】+【-】

放大到页面大小【Ctrl】+【0】

实际像素显示【Ctrl】+【1】

显示/隐藏所路径的控制点【Ctrl】+【H】

隐藏模板【Ctrl】+【Shift】+【W】

显示/隐藏标尺【Ctrl】+【R】

显示/隐藏参考线【Ctrl】+【;】

锁定/解锁参考线【Ctrl】+【Alt】+【;】

将所选对象变成参考线【Ctrl】+【5】

将变成参考线的物体还原【Ctrl】+【Alt】+【5】

贴紧参考线【Ctrl】+【Shift】+【;】

显示/隐藏网格【Ctrl】+【"】

贴紧网格【Ctrl】+【Shift】+【"】

捕捉到点【Ctrl】+【Alt】+【"】

应用敏捷参照【Ctrl】+【U】

显示/隐藏"字体"面板【Ctrl】+【T】

显示/隐藏"段落"面板【Ctrl】+【M】

显示/隐藏"制表"面板【Ctrl】+【Shift】+【T】

显示/隐藏"画笔"面板【F5】

显示/隐藏"颜色"面板【F6】/【Ctrl】+【I】

显示/隐藏"图层"面板【F7】

显示/隐藏"信息"面板【F8】

显示/隐藏"渐变"面板【F9】

显示/隐藏"描边"面板【F10】

显示/隐藏"属性"面板【F11】

显示/隐藏所有命令面板【TAB】

显示或隐藏工具箱以外的所有调板【Shift】+【TAB】

选择最后一次使用过的面板【Ctrl】+【~】

参考文献
REFERENCES

[1] ［美］布莱恩·伍德. Adobe Illustrator CC 2018中文版经典教程［M］. 北京：人民邮电出版社，2019.

[2] Adobe公司. Adobe Illustrator CC经典教程［M］. 北京：人民邮电出版社，2014.

[3] Adobe公司. Adobe Illustrator CS6中文版经典教程［M］. 北京：人民邮电出版社，2014.

[4] 亿瑞设计. 画卷–Illustrator CS5从入门到精通［M］. 北京：清华大学出版社，2013.

[5] 瀚图文化. 零点起飞学Illustrator CS6平面设计［M］. 北京：清华大学出版社，2014.

[6] 唯美世界. Illustrator CC从入门到精通［M］. 北京：水利水电出版社，2018.

[7] 李金明，李金蓉. 中文版Illustrator CC完全自学教程［M］. 北京：人民邮电出版社，2015.

[8] 创锐设计. Illustrator CC平面设计实战从入门到精通［M］. 北京：机械工业出版社，2018.